U0151801

美味减糖 108 餐

[日] 氏家 弘 监修／川上 文代 著

常豫 译

中国轻工业出版社

前　言

为我们的身体提供能量的三大营养物质是碳水化合物、脂肪和蛋白质。虽然我们的身体由 60 万亿个细胞构成，但是每一个细胞要独立代谢这三大营养物质，都必须用能量合成 ATP（腺嘌呤核苷三磷酸）。

蛋白质，按照遗传物质的指令，DNA → RNA →氨基酸→蛋白质而合成，是细胞的骨架，也作为代谢中介的酶。脂肪，不仅合成细胞膜的脂质双分子层，还合成胆固醇，作为内分泌激素，对人体机能起着不可或缺的重要作用。但是，碳水化合物被分解为 6 个碳原子的单糖后，进入细胞，被线粒体中的 TCA 循环有氧代谢，分解为二氧化碳和水。这时，多数的能量用来合成 ATP。TCA 循环被认为是植物所具备的光合作用——将二氧化碳和水通过太阳光合成单糖的逆过程，也未尝不可。

脂肪和蛋白质都可以通过 TCA 循环转换为能量，但在远古时代，细胞代谢的主力军是碳水化合物。然而，过度摄取碳水化合物，糖分过剩，反而成为很多疾病的根源。血管内剩余的糖会引发糖尿病，在细胞中剩余的糖则会转化为脂肪，成为内脏脂肪。

在本书中，我们将教给大家防止过度摄入碳水化合物的美味料理法。

氏家 弘

目　录

PART 1

美味减糖的 15 款套餐

PART 4

美味减糖的 10 道主食

PART 5

美味减糖的 8 道点心

没有症状，悄悄地发展

糖尿病究竟是怎么回事

糖尿病，同压力、肥胖、运动不足等问题有直接联系。
去医院确诊糖尿病前，先自己检查一下吧！

确诊之前察觉不到自己生病了

根据日本厚生劳动省实施的《2016 年国民健康·营养调查报告》，"强烈怀疑罹患糖尿病的人" 大约有 1000 万（参照右侧图表）。再加上 "不排除糖尿病可能性者" 也估计同样有约 1000 万人。这样看来，糖尿病离我们真的不远。

但是，糖尿病在轻症时很难感觉到症状，待到真正发现身体不好而去医院检查时，往往已经是糖尿病了。之后我们会详细介绍，糖尿病发展到慢性时会有引起视网膜病变或脑梗塞等可怕的合并症。

因此，在有一点点怀疑生病时，也有必要尽快采取措施。首先，我们来了解一下糖尿病的发病机制。

强烈怀疑罹患糖尿病者不排除糖尿病可能性者

对日本人口的比例（%）　　参考／来自厚生劳动省 "2016 年国民健康·营养调查报告"

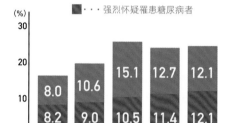

■···不排除糖尿病可能性者
■···强烈怀疑罹患糖尿病者

(%)	1997	2002	2007	2012	2016 (年份)
不排除糖尿病可能性者	8.0	10.6	15.1	12.7	12.1
强烈怀疑罹患糖尿病者	8.2	9.0	10.5	11.4	12.1

"强烈怀疑罹患糖尿病者" 的比例是 12.1%，"不排除糖尿病可能性者" 的比例也是 12.1%，合计达到 2000 万人。

血糖升高

人体主要利用糖（碳水化合物）作为能量来源。糖被消化，并转化为葡萄糖，通过血液运往全身各处，再被细胞获取。血液中的糖叫作 "血糖"，血液中血糖的含量叫作血糖浓度。

人体摄入糖分时，血糖浓度会升高，葡萄糖被消耗后，血糖浓度降低。健康的人能够维持正常的升降幅度，起到重要作用的是叫作 "胰岛素" 的激素。胰岛素能使血液中的糖转化为能量，降低血糖。

胰岛素由胰腺的胰岛合成，然后被运往全身。若胰岛无法合成足够的胰岛素，葡萄糖就不会被细胞吸收，血糖就会升高。当这种状态成为慢性症状时，就成了 "糖尿病"。糖在血液中增加过多，会引起堵塞，造成血管内皮细胞功能不全，氧气和营养物质无法运往全身，引发各种各样的并发症。

糖尿病有几种类型，这里希望大家记住的是 1 型糖尿病和 2 型糖尿病。1 型糖尿病是由于胰腺的细胞因一些原因被破坏，不能合成胰岛素而发病。在孩子和年轻人中多发。

但是，日本 90% 的糖尿病患者都是 2 型糖尿病患者。日本人的胰岛素分泌量本来就比欧美人少，因此含糖高的饮食习惯会使血糖立刻升高。再加上压力、肥胖、运动不足等问题，高血糖的状态就会慢性化。

糖尿病引发的
并发症

患糖尿病后保持高血糖的状态，血管被破坏或堵塞，慢慢引发各种并发症。这里介绍代表性的并发症。

1 代谢综合征

是糖尿病的早期症状。内脏脂肪堆积，合并高脂血症、高血压、高血糖，在这种状态下，患 2 型糖尿病的风险会增加 3～6 倍。

2 视网膜病变

糖尿病继续发展，会有失明的危险。这是因为高血糖状态持续，造成眼部毛细血管被破坏或堵塞。发病前往往没有任何症状。

3 神经病变

糖尿病继续发展，会引起全身麻痹或疼痛，或造成称为感觉麻痹的神经病变。也会引起出汗障碍或勃起功能不全。

4 糖尿病足

糖尿病患者易引发足癣或细菌感染，足畸形等。即使发生感染也感觉不到疼痛，严重时甚至因足坏疽而截肢。

5 肾病

高血糖状态持续 20 年左右后，肾脏会失去健全功能，需要终生人工透析。现在很多糖尿病患者都在接受透析治疗。

6 脑梗塞

糖尿病患者患脑梗塞的风险极高，男性发病率约为正常人的 2.2 倍，女性发病率约为正常人的 3.6 倍。发病后长期卧床，死亡的人也很多。

7 心肌梗塞

糖尿病患者出现心肌梗死的风险约为正常人的 3 倍。根据心肌梗塞的部位不同，严重情况下会立刻引起死亡。

8 阿尔兹海默症

糖尿病患者患阿尔兹海默症的风险是正常人的 2 倍以上，患脑血管性痴呆的风险高达正常人的 2.5 倍。

对糖尿病置之不理可能引起大病

如果得了糖尿病却置之不理，会怎么样呢？左侧的表格总结了因糖尿病引起的合并症。

长期处于高血糖状态，会造成所谓"代谢综合征"，出现高血糖、高血压、高脂血症"三高"症状。如果不加治疗，大约 10 年后会出现视网膜病变或神经病变，其中最恐怖的是足部动脉硬化。最糟的情况下，必须要进行足部截肢。

如果还置之不理，20 年后，会出现肾病、脑梗塞、心肌梗塞等并发症。患肾后需要终身进行人工透析，而脑梗塞和心肌梗塞会直接造成死亡。

长期高血糖
会出现各种各样的症状

现在明白糖尿病的恐怖之处了吧。

我们最开始说过"糖尿病常常没有症状"。但持续处于高血糖状态，身体会出现各种各样的症状。因此，检查一下，可以知道你患糖尿病的危险度。

右侧准备了一张简单的检查问卷，做做试试，你处在哪一区呢？

罹患糖尿病危险度自查

下列项目，符合自己情况的，请在□内打钩。根据总数判断罹患糖尿病的危险度。

- □ 即使什么都不做也容易疲劳
- □ 上厕所的次数增加
- □ 容易出汗
- □ 龋齿多
- □ 常常打鼾
- □ 父母等亲属中有人患糖尿病
- □ 几乎不运动
- □ 自己吃饭很快
- □ 喜欢甜食经常吃
- □ 常吃拉面或盖浇饭

打钩总数判断

□ 0～3 个 **安全区**	现在没有患糖尿病的风险。 避免多吃糖，进行适度的运动，可以回避患糖尿病的风险。
□ 4～7 个 需要注意区	有罹患糖尿病的风险。 需要进行适度的运动，并改良饮食习惯。 去找医生检查一下吧。
□ 8～10 个 **危险区**	有患糖尿病的风险。尽快去医院检查血液吧。 如果置之不理，可能引起并发症。

有效预防糖尿病的方法

低 GI 饮食和运动预防高血糖

上一页的自查中处于"需要注意""危险"的人，
有必要立刻改善生活方式。这里介绍了具体的改善方法。

预防糖尿病应注意"餐后高血糖"

为预防糖尿病，必须要深刻理解何为血糖。

请看下面的图表：

血糖在餐后升高，空腹时下降，是健康的状态（曲线①）。

但糖尿病患者不管餐后还是空腹，血糖都维持在很高的水平（曲线②）。

有的病例即使空腹血糖正常，餐后血糖还是会变高（曲线③）。这种状态称为"餐后高血糖"，也可以看作糖尿病的初期症状。

为了预防和改善糖尿病症状，需注意避免引起餐后高血糖。

健康人和糖尿病患者不同的血糖曲线

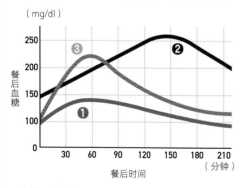

（mg/dl）

图中❶是健康人的血糖曲线，❷是糖尿病患者的血糖曲线。❸是餐后高血糖的人的血糖曲线，可以看出，餐后血糖会急剧升高，之后迅速降低。

拉面和盖浇饭等是血糖稳定最大的敌人

血糖的升高根据饮食的不同而变化。最容易使血糖升高的菜单是碳水化合物含量高的拉面和盖浇饭等。甜点或放糖的饮料等也很危险。出现餐后高血糖症状的人必须远离这类食物。

什么食物不易使血糖升高呢？那就是营养平衡的套餐。多吃几道富含膳食纤维的蔬菜等，可以抑制血糖的升高。

另外，如果想知道自己是否处于餐后高血糖状态，可以去医院做餐后高血糖的尿糖检查。先检查一下比较好。

餐后高血糖升高的关键 —GI 是什么？

饮食中最重要的是选择不易使血糖升高的食材，这个标准就是 GI。GI 是升糖指数（Glycemic Index）的简称，表示食物中糖的吸收度。如果积极摄入低 GI 的食物，可以抑制餐后血糖的升高。预防糖尿病虽然也有热量限制法，但近年来，限制糖摄入以及参考 GI 的预防方法还是成为主流。下页总结了具有代表性的低 GI 食物，请注意积极地食用吧。

升糖指数（GI）列表		GI 高的食物	GI 低的食物
	蔬菜	南瓜、芋头、土豆、胡萝卜、红薯	芦笋、牛油果、青椒、西蓝花、蘑菇类、黄瓜、牛蒡、西红柿、茄子、葱、叶子菜、西蓝花、豆芽、生菜、莲藕
	其他	乌冬面、白面包、挂面、中式面条、米饭、意大利面、米粉、年糕	糙米、寒天、魔芋、全麦意大利面、全麦面包、魔芋丝、荞麦面、羊栖菜、坚果类、纳豆

注意吃饭的时间和吃的顺序

因为 GI 低的食物基本上糖分很少，因此，摄取这类食物相当于控制了糖分的摄入。但是，人总会有想吃高糖食物的时候，那么请选择在白天吃。

白天活动时，因为基础代谢高，适量摄入糖分也没有问题。但是请注意吃的顺序。应该先吃像蔬菜和海藻这类富含膳食纤维的食物，然后是鱼或肉等富含蛋白质的食物，最后吃米饭等碳水化合物（糖分）。像这样在吃的顺序上下功夫，可以很好地抑制餐后血糖升高。

另一方面，由于晚上基础代谢降低，应该尽量避免吃糖分高的食物。拒绝米饭和白面包，选择蛋白质、脂肪类食物，主食选择糙米或全麦面包。另外，如果你马上要睡觉了，这时吃任何东西都不好。睡前 3 小时内，请不要再吃东西了。

坚持控制糖分摄入，慢慢会变成血糖不易升高的体质。先从晚饭开始减少糖分摄入，之后午饭和早饭也逐渐减少。身体自然会远离糖分，生活中也就可以不再依赖糖分了。

坚持运动，预防糖尿病

日本的东北大学展开了关于《运动和血糖升高》的调查和研究，历时 23 年，以 2235 名男性为研究对象。根据这项研究，坚持运动、提高全身耐力，能够有效降低患糖尿病的风险。2 型糖尿病的原因是胰岛素的作用效果差，研究表明，坚持运动能有效促进胰岛素的分泌。而且通过运动增加肌肉，可以增加葡萄糖的消耗，从而抑制血糖的升高。

对于糖尿病人来说，运动是非常有效的预防手段。其中特别推荐的是走路。可以每天走一万步为目标。走路时推荐迈开步子大步走，向远处看。向远处看可以激活副交感神经，更加放松。也可选择本页介绍的方法，锻炼肌肉或游泳等也有非常好的效果。快找到适合自己的运动，开始锻炼吧！

走路

预防糖尿病最有效的运动。不要一次性长时间走路，一天两次，每次 30 分钟比较好。

体操

可以通过广播体操让自己养成运动的习惯，预防糖尿病。还可以使用踏步机等运动器械。

游泳

因为是有氧运动，可以增加肌肉中的血流，降低血糖。由于对身体的负荷小，也适合老年人。

锻炼肌肉

增加肌肉可以提高胰岛素的效果。但是，如果不能坚持，只锻炼几天，就没有效果了，一定要坚持。

推荐加入每天的饮食

能有效预防糖尿病的食物

除了运动和限制饮食，能够改善糖尿病的就是"不会使血糖升高的食物"了。
不仅选取 GI 低的食材，也请积极地摄入能有效预防糖尿病的这些食物吧。

富含膳食纤维的食材
可以有效预防糖尿病

中医讲究"医食同源"，在治疗糖尿病时也是一样。很多食材都能够"降低血糖"，预防或改善糖尿病。这里我们介绍具有代表性的几种。

首先是豆类，因其富含膳食纤维，可使糖以平稳的速度分解和吸收为葡萄糖；还有富含钙、镁、钾等矿物质的食材，可以有效抑制血糖的升高。

能有效预防糖尿病的食物

豆类

豆类的 GI 低，富含膳食纤维、钙和镁、钾等矿物质。根据西班牙一项研究结果的报告，豆类（除黄豆以外）摄入量高的人，比摄入量低的人糖尿病发病率低。

海藻和"黏糊糊的食物"

人体内，小肠分泌的叫作"肠促胰岛素"的激素作用于胰腺的 β 细胞，促进胰岛素的分泌。可以增强该作用的是富含水溶性膳食纤维的海藻或菇类、"黏糊糊"的食物等。

蔬菜·红肉·鱼

蔬菜中的维生素 C，红肉和鱼中的锌和蛋白质是合成胰岛素的原料。将这些食材积极地加入食谱中，可以补充合成胰岛素的原料，从而促进血糖值恢复正常。

接下来推荐的是羊栖菜、裙带菜等海藻类和菇类。特点是富含水溶性膳食纤维，它是近年来电视和杂志上等争相报道的"肠内细菌"的饵料。肠内细菌可以帮助肠道激素的分泌，激活免疫功能。海藻类和豆类一样，都富含矿物质，对预防生活习惯病有效。

富含水溶性膳食纤维的食材还有秋葵、纳豆等"黏糊糊的食物"，这些食物对预防糖尿病有显著的效果。

另外，巴旦木和核桃等坚果类可以改善高血糖状态。富含不饱和脂肪酸、钾、钙、镁、膳食纤维等，对预防代谢综合征和高血压等有效。根据国外的研究报道，坚果类食物对 2 型糖尿病的血糖控制起到改善作用。还有蔬菜、红肉和鱼等也有很好的作用，关于这些食材在左栏中有详细的说明。

另一方面，绿茶和咖啡等饮品对预防糖尿病有效。绿茶中的儿茶素，咖啡中多酚的绿原酸，都具有抗氧化作用，可有效预防动脉硬化。也有研究报告表明，坚持喝绿茶可以降低血糖。

7 大推荐营养物质

低 GI 饮食是预防糖尿病的重点。
除此之外，多摄入以下的营养物质会有更好的效果。

B 族维生素

B 族维生素是维生素 B_1、B_2、B_6、B_{12}、烟酸、泛酸、叶酸、生物素的总称。其中维生素 B_1 是糖分解为能量时必需的营养物质。维生素 B_2 是预防生活习惯病不可或缺的营养物质，可以防止造成动脉硬化、衰老等有害物质的生成。糖尿病患者不易吸收维生素 B_{12}，会造成神经病变等合并症，维生素 B_{12}、B_1、B_6 一起补充，可改善该症状。

推荐的食材 & 原料

猪肉·鳗鱼·鲣鱼·鸡肝

类黄酮

类黄酮是蔬菜和水果等中的色素成分。有强大的抗氧化作用，可使血管坚固。类黄酮对糖尿病、动脉硬化、高血压、老年痴呆等有预防作用。类黄酮的种类很多，具有代表性的是黄豆中的"异黄酮"、绿茶中的"儿茶素"、洋葱中的"槲皮素"等。蔬菜中富含类黄酮，多吃沙拉等食物可以提高其摄入量。

推荐的食材 & 原料

蔬菜·绿茶·红葡萄酒

维生素 C 和维生素 E

维生素 C 和维生素 E 都可以防止细胞氧化、预防动脉硬化，可控制血压正常。维生素 E 起到降低血胆固醇，扩张毛细血管的作用。活性氧是造成 2 型糖尿病的原因之一，维生素 C 和维生素 E 作为抗氧化物，可以抑制及去除活性氧，因此通过大量摄入，可降低患糖尿病风险。

推荐的食材 & 原料

巴旦木·黄绿色蔬菜

膳食纤维

蔬菜、海草、蘑菇等含有丰富的膳食纤维。能延缓食物的消化吸收，抑制血糖的急速升高。另外，摄入这些食物可以获得饱腹感，从而抑制食欲，还可改善肠内细菌的平衡，刺激消化道激素的分泌和胰岛素的分泌等，对预防糖尿病，可以说是全能的营养物质。

推荐的食材 & 原料

蔬菜·海草·蘑菇

铁

糖尿病患者与正常人相比，更易合并贫血。造成贫血的原因是血液中血红蛋白低，而血红蛋白的主要成分是微量元素的铁。血红蛋白不足使氧气无法被送往全身，因此铁十分重要。

推荐的食材 & 原料

生蚝·蚬·鲑鱼
黄绿色蔬菜

锰

锰是细胞内抗氧化作用的关键酶的重要构成因素。锰元素不足会导致胰岛素抵抗，使患糖尿病风险增高。锰在人体组织和器官内广泛存在，与防止氧化等各种各样的代谢反应相关。植物类食物含锰较多。

推荐的食材 & 原料

玉露茶·黄麻菜·蚬

支链氨基酸

是缬氨酸、亮氨酸和异亮氨酸构成的必需氨基酸的总称。亮氨酸能促进胰腺分泌胰岛素，是改善高血糖不可缺少的营养物质。支链氨基酸还可防止运动时肌肉蛋白质的分解。

推荐的食材 & 原料

鲣鱼·秋刀鱼
牛肉·黄豆

轻松在家做的低 GI 食物！

全麦面粉的面食 & 点心做法

意大利面、乌冬面、饺子等，使用精制面粉来做，GI 高，不推荐食用。
但是，如果用全麦面粉手工制作，在减糖饮食中也可以享受吃饭的乐趣！
关键是要用高筋面粉。冷冻也没问题，可以多做点存起来，十分方便。

材料 A

意大利面·点心的材料（2 人份·130g）

全麦面粉（高筋面粉）…70g
追加的全麦面粉（高筋面粉）…10g
水…45ml
盐…1 撮
扑面（全麦面粉）…适量

材料 B

乌冬面的材料（2 人份·220g）

全麦面粉（高筋面粉）…120g
追加的全麦面粉（高筋面粉）…10g
水…80ml
盐…1 撮
扑面（全麦面粉）…适量

做法

1 碗中放入全麦面粉、盐和水，用叉子或长筷子混合均匀。

2 取出混合物，放在面板上。用刮刀等工具将粘在碗上的面粉都弄下来。

3 用手反复拉长并折叠面团。揉至没有干粉的状态。

4 面团揉成团，用保鲜膜包好，醒 15 分钟。取下保鲜膜，放入追加的全麦面粉，继续揉。再包上保鲜膜，醒 15 分钟以上。

5 面板上撒上扑面，取出步骤 4 中的面团，一边撒扑面，一边用擀面杖将面团擀大。做意大利面或点心，需要擀成 1～2mm 厚的长方形（图Ⓐ），做乌冬面，则擀成 3～4mm 厚的长方形（图Ⓑ）。

6 乌冬面和意大利面都撒上很多扑面，折成 3 折，切成 5mm 宽（图Ⓒ、Ⓓ）的小份。饺子皮用直径 8cm 的圆形模具或玻璃杯压出，（约 10 张的量，如图Ⓔ）。馄饨皮切成边长 6cm 的正方形（约 14 张的量）。

(乌冬面)

煮好后用笊篱舀出，可做成热乌冬面，搭配喜欢的汤底；或过冷水冷却后，做成蘸着汤汁吃的小笼屉乌冬面。裹上淀粉，放进带拉链的保鲜袋中，可冷藏或冷冻保存。

P.90

全麦牛肉乌冬面

(意大利面)

煮好后用笊篱舀出，配上喜欢的酱汁。酱汁种类繁多，同奶油类的酱汁最为搭配。裹上淀粉放进带拉链的保鲜袋中，可冷藏或冷冻保存。

P.91

P.93

蛤蜊全麦意大利面　　培根鸡蛋全麦意大利面

(馄饨或饺子)

包上喜欢的馅料或煮或煎。处理方法和普通的馄饨或饺子一样。裹上淀粉，放进带拉链的保鲜袋中，可冷藏或冷冻保存。

馄饨皮

饺子皮

P.43

P.56

菠菜全麦馄饨汤　　手工全麦皮饺子

13

这本书旨在教会你如何在减少糖分摄入的同时大量摄入营养物质，
并且收录菜品中含有的营养物质和组成食谱的要点。养成习惯，开启健康减糖生活。

❶ 主要食材标志
写明主要食材的种类。

❷ 糖分·盐·热量
食谱、菜都标明了1人份
的摄入量。

❸ 可调换的配菜和汤
多样化的配菜推荐，不会
厌倦的食单。

❹ 含有的营养物质
食谱、菜中含有的推荐营
养物质。

❺ 要点
减少糖分的秘诀和调味的
要点。

❷❸

糖尿病饮食疗法中，一般推荐1顿饭的含糖量在20g~40g。本书的食谱考虑到吃饭的满
足感，每顿饭的含糖量基本上在20g~50g左右。参考食谱时，也要做到一日三餐的含糖
量在120g以内。对介意糖分摄入的人，我们也准备了不含米饭或面食的食谱，可以大
量减少糖的摄入。

不吃主食确实可以减少糖分摄入

由于糖尿病在初期阶段没有明显症状，所以日常
预防十分重要。关键是运动和饮食。运动可起到很好
的预防作用，改善轻症糖尿病患者的病情。然而坚持
运动在现实中往往十分困难。因此，本书针对每天都
可以下功夫的饮食做以解释说明。

糖尿病是高血糖慢性化的状态，采取不易使
血糖升高的饮食方式非常重要。但是，血糖升高
的原因是高糖分饮食，因而糖尿病预防食谱难免
给人淡而无味的印象。

本书提供了既保证美味和满足感，又能抑制
糖分摄入的食谱。即使是包含米饭的食谱，糖分
的含量也仅在50g左右。

【 **关于本书的标识** 】

• 小勺表示5ml（g），大勺表示15ml（g），1杯表
  示200ml（g）。

• 加热时间以功率600W的微波炉、功率1200W
  的烤箱使用中火时为参考。根据家中的电器情况
  适当调整。

• 加热时间根据火力或锅的情况等而有所误差。请
  根据情况调整。

• 书中的"高汤"指的是鲣鱼海带高汤（参照右侧）。

• 材料按照2人份标注。

• 材料的量根据食材大小不同有所差异。

• 本书使用的"全麦面包糠"是将全麦面包冷冻
  后，自己磨成粉做的。

• 本书中介绍的推荐的营养物质的数值引用了日本
  文部科学省"日本食品标准成分表2015年版（第
  七次修订）"的数据，多酚与肉毒碱在该表中并
  无记载，因而没有标明具体的数值。

☑ **鲣鱼海带高汤**

【材料·3杯的量】 海带…10g 水…4杯 柴鱼片…5g

【做法】

1 用湿纱布轻擦海带表面，和水一起放入锅中煮，调整火力大小，至10分
钟左右能沸腾。

2 味道出来后，取出海带。

3 放入柴鱼片，沸腾后转小火。撇去浮沫，关火后静置5分钟，小心过滤。
（每100ml 汤中含盐 0.1g、能量 0kcal）

☑ **黄油（上清部分）**

【材料·1/2杯的量】 黄油…130g

【做法】

1 黄油放入耐热容器中隔水加热，分层后放凉，放入冰箱冷藏。

2 凝固后取出上清的部分，用厨房纸擦干水，放入密封容器中保存。（每
100g 中含盐 0g、能量 92kcal）

保存时间：冷藏保存3周

美味减糖的

15 款套餐

向极其重视 GI、不知道做什么菜的人强烈推荐本章内容！既周到地考虑到 GI，又能吸收充足的营养，味道也是一流！按照食材分类，大量收录了两菜一汤的食谱。

鱼

煎鲣鱼排套餐

鲣鱼的血合肉（鱼肉中含大量血，暗红色的部分）富含铁元素。将表面稍微煎一下，充分调味，去除鱼腥味。属于发酵食物的纳豆和奶酪，富含人体必需的支链氨基酸，推荐积极食用。

碳水化合物 · 盐 · 热量（1人份）		
48.8g	2.7g	529kcal

配菜 | 膳食纤维 | 铁 | 类黄酮
B族维生素 | 维生素 C&E | 支链氨基酸

纳豆拌奶酪

【材料·2 人份】

再制奶酪 … 20g

纳豆（配有调料汁和黄芥末）… 50g

罗勒叶 … 1 片

【做法】

1 奶酪切成 5mm 见方的块，罗勒切成 5mm 的方形。

2 纳豆加入搭配的调料汁和黄芥末，拌匀。再加入步骤 1 的材料，拌匀。

（1 人份 碳水化合物 1.9g、盐 0.7g、热量 87kcal）

主菜 | 铁 | B族维生素 | 支链氨基酸

蒜香风味煎鲣鱼排

【材料·2 人份】

鲣鱼 … 150g　　大蒜薄片 … 1 瓣的量

盐、胡椒粉 … 各少量　柠檬汁、酱油 … 各 2 小勺

土豆淀粉 … 1 小勺　小葱碎 … 2 大勺

橄榄油 … 15ml　　阳荷碎 … 1 个的量

【做法】

1 鲣鱼上撒盐和胡椒粉，裹上淀粉。

2 平底锅倒入 5ml 橄榄油加热，将鲣鱼表面煎至金黄，取出，切成 1.5cm 宽的块。

3 小锅中倒入剩下的橄榄油（10ml），放入大蒜薄片加热，大蒜变褐色后取出。加入柠檬汁和酱油，酱汁就做好了。

4 鲣鱼摆盘，装饰上小葱、阳荷碎、步骤 3 中的大蒜薄片，淋上酱汁。

（1 人份 碳水化合物 3.5g、盐 1.1g、热量 212kcal）

主食 | 膳食纤维 | 铁 | 类黄酮
B族维生素 | 维生素 C&E | 支链氨基酸

发芽糙米饭

【材料·2 人份】

发芽糙米饭 … 240g

（1 人份 碳水化合物 42g、盐 0g、热量 201kcal）

汤 | 膳食纤维 | 铁 | 类黄酮
B族维生素 | 维生素 C&E | 支链氨基酸

油豆腐猪毛菜味噌汤

【材料·2 人份】

油豆腐 … 1/3 片　高汤 … 300ml

猪毛菜 … 10g　　味噌 … 2 小勺

【做法】

1 油豆腐切成 3cm 长的条，用热水焯一下。

2 锅中加入高汤，中火煮沸，加入油豆腐，加入味噌化开。

3 加入猪毛菜，稍煮，关火。

（1 人份 碳水化合物 1.4g、盐 0.9g、热量 30kcal）

可调换的配菜和汤　✓ 香橙胡椒小松菜拌章鱼（P.77）　✓ 蘑菇猪肉汤（P.82）

食谱中包含的 **营养物质** | 膳食纤维 | 铁 | 类黄酮 | B族维生素 | 维生素 C&E | 支链氨基酸 | 锰

味噌烧旗鱼套餐

味噌中除了铁、类黄酮、B族维生素等营养物质外，也富含新陈代谢必不可缺的酶。除了做汤，还可以用来做锡纸料理。沙拉中使用了富含铁和β胡萝卜素的蒿子秆。

碳水化合物·盐·热量（1人份）		
54.0g	2.8g	457kcal

配菜 〔膳食纤维〕〔类黄酮〕〔B 族维生素〕〔维生素 C&E〕〔支链氨基酸〕

蒿子秆西红柿沙拉

【材料·2 人份】

蒿子秆、西红柿 … 各 80g

Ⓐ 梅子酱、酱油、芝麻油、醋 … 各 1 小勺

【做法】

1 蒿子秆去叶，切成 3cm 长，用盐水（未计入材料）焯一下，放凉，挤出水分。西红柿切成 1cm 的块。

2 混合Ⓐ的材料，倒入步骤 1 的食材中，拌匀。

（1 人份 碳水化合物 4.0g、盐 0.9g、热量 46kcal）

主菜 〔铁〕〔B 族维生素〕〔维生素 C&E〕〔支链氨基酸〕

味噌烧旗鱼

【材料·2 人份】

旗鱼 … 2 片

味噌、味醂 … 各 1 小勺

小尖椒 … 4 根

金针菇 … 50g

Ⓐ 酱油、味醂 … 各 1/2 小勺

【做法】

1 旗鱼撒上盐（未计入材料），10 分钟后擦干水分。味噌和味醂混合，涂在旗鱼上，包上保鲜膜，静置约 30 分钟。

2 小尖椒用竹签扎满小洞。金针菇切去根部，切成两段，蘸上Ⓐ中材料。

3 将步骤 1、2 中食材铺在铝箔上，用烤鱼网或者烤箱烤 12 分钟左右（中途取出快烤焦的蔬菜），烤至表面金黄。

（1 人份 碳水化合物 4.6g、盐 1.0g、热量 183kcal）

主食 〔膳食纤维〕〔铁〕〔类黄酮〕〔B 族维生素〕〔维生素 C&E〕〔支链氨基酸〕

发芽糙米饭

【材料·2 人份】

发芽糙米饭 … 240g

（1 人份 碳水化合物 42g、盐 0g、热量 201kcal）

汤 〔膳食纤维〕〔铁〕〔类黄酮〕〔B 族维生素〕〔维生素 C&E〕

香菇大葱味噌汤

【材料·2 人份】

大葱 … 60g　　高汤 … 300ml

香菇 … 2 个　　味噌 … 2 小勺

【做法】

1 大葱斜切成 5mm 宽的段，香菇切薄片

2 锅中加入高汤，放入步骤 1 中食材，煮 3 分钟，加入味噌化开。

（1 人份 碳水化合物 3.4g、盐 0.9g、热量 28kcal）

可调换的配菜和汤　✓ 生菜口蘑生火腿沙拉（P.74）　✓ 豆腐薯蓣昆布清汤（P.83）

套餐中包含的 **营养物质** 〔膳食纤维〕〔铁〕〔类黄酮〕〔B 族维生素〕〔维生素 C&E〕〔支链氨基酸〕〔锰〕

意式煎鲷鱼蛤蜊套餐

做意式烤鱼，为了更多汁，最好选择带骨的鱼肉。西红柿和橄榄油的加成，使这道菜更加美味。配上补充微量元素和膳食纤维的汤，可以减缓血糖升高。

碳水化合物·盐·热量（1人份）		
19.5g	3.3g	463kcal

配菜 ［膳食纤维］ ［维生素 C&E］ ［支链氨基酸］

圆白菜鸡肉沙拉

【材料·2 人份】

圆白菜 … 120g　　　　土豆淀粉 … 1/2 小勺
去皮鸡胸肉 … 50g　　柠檬汁 … 1 小勺
盐、胡椒粉 … 各少量　芥子 … 3g
花生油 … 1 小勺

【做法】

1　圆白菜切成 3cm 见方。鸡肉切成 1cm 见方的块，裹上盐、胡椒粉和淀粉。

2　耐热容器中加入步骤 1 中食材、花生油、盐和胡椒粉，混匀。轻轻盖上保鲜膜，用微波炉加热 3 分钟。

3　加入柠檬汁和芥子，拌匀。

（1 人份 碳水化合物 3.1g、盐 0.3g、热量 70kcal）

主菜 ［铁］ ［B 族维生素］ ［维生素 C&E］ ［支链氨基酸］

意式煎鲷鱼蛤蜊

【材料·2 人份】

鲷鱼（带骨鱼肉）… 2 片　　橄榄油 … 1 小勺
蛤蜊 … 6 个　　　　　　　黑橄榄 … 4 个
盐、胡椒粉 … 各少量　　　白葡萄酒 … 30ml
大蒜 … 1/2 瓣　　　　　　水 … 120ml
圣女果 … 4 个　　　　　　香芹碎 … 少量

【做法】

1　鱼肉带皮的一面改刀划开，裹上盐、胡椒。蛤蜊吐沙后，搓洗干净。大蒜剁碎，圣女果去蒂。

2　平底锅中加入橄榄油和大蒜，中火加热，炒出香味后，放入鲷鱼，先煎带皮的一面，再煎另一面。

3　放入蛤蜊、橄榄、圣女果、白葡萄酒、水、盐和胡椒粉，盖上锅盖，中火加热 3 分钟左右。装盘，撒上香芹。

（1 人份 碳水化合物 2.9g、盐 0.4g、热量 193kcal）

主食 ［膳食纤维］ ［铁］ ［B 族维生素］ ［锰］

全麦面包

【材料·2 人份】

你喜欢的全麦面包 … 70g

（1 人份 碳水化合物 11.9g、盐 1.4g、热量 87kcal）

汤 ［膳食纤维］ ［B 族维生素］ ［锰］

蟹味菇核桃汤

【材料·2 人份】

蟹味菇、大葱 … 各 30g　　　　水 … 300ml
核桃 … 20g　　　　　　　　盐 … 2g
黄油（上清部分）… 10g　Ⓐ　鸡精 … 1g
　　　　　　　　　　　　　胡椒粉 … 少量

【做法】

1　大葱、核桃和去掉根部的蟹味菇切碎

2　锅中加入黄油，中火加热，放入步骤 1 中食材慢炒，加入材料Ⓐ，小火煮 8 分钟。

（1 人份 碳水化合物 1.7g、盐 1.2g、热量 114kcal）

可调换的配菜和汤 　☑ 生菜口蘑生火腿沙拉（P.74）　☑ 竹笋蚬汤（P.87）

食谱中包含的 **营养物质**　［膳食纤维］ ［铁］ ［类黄酮］ ［B 族维生素］ ［维生素 C&E］ ［支链氨基酸］ ［锰］

鱼

煎炒鲑鱼套餐

洋葱、彩椒、胡萝卜等带甜味的蔬菜高 GI，应控制摄入。推荐使用葱、白菜、圆白菜、萝卜等食材代替。鲑鱼中富含红色的虾青素具有强大的抗氧化作用，美肤功能和预防老年痴呆作用深受喜爱，请主动多多摄入吧。

碳水化合物·盐·热量（1人份）

| 56.0g | 2.1g | 653kcal |

配菜 膳食纤维 类黄酮 B族维生素
维生素 C&E 支链氨基酸

白菜火腿沙拉

【材料·2 人份 】
白菜… 120g
火腿、粉丝（干）… 10g
白炒芝麻… 1 小勺
Ⓐ 酱油、香油… 各 1 小勺
醋… 2 小勺

【做法】
1 白菜切 4cm 长的丝，火腿对半切后切丝。粉丝煮
　3 分钟后，切成 5cm 长。芝麻切碎。

2 混合材料Ⓐ，和步骤 1 中食材拌匀。

（1 人份 碳水化合物 6.0g、盐 0.6g、热量 63kcal ）

主菜 膳食纤维 B族维生素 维生素 C&E
支链氨基酸

煎炒鲑鱼

【材料·2 人份 】
鲑鱼… 2 片　　　　　香油… 2 小勺
盐、胡椒… 各少量　　生姜… 5g
土豆淀粉… 1 小勺　　Ⓐ 烧酒、蚝油… 各 2 小勺
芹菜、大葱、杏鲍菇　　水… 2 大勺
　… 各 60g

【做法】
1 鲑鱼去骨，切成 1cm 宽，裹上盐、胡椒、淀粉。
　芹菜和葱斜切成 5mm 宽，杏鲍菇切成 3cm 长
　5mm 厚。生姜切薄片。

2 平底锅放香油和生姜，中火加热，平铺放入鲑鱼煎
　至金黄。

3 放入芹菜、大葱和杏鲍菇炒香。加入Ⓐ，炖 2 分
　钟左右，炖熟。

（1 人份 碳水化合物 5.7g、盐 1.0g、热量 317kcal ）

主食 膳食纤维 铁 类黄酮
B族维生素 维生素 C&E 支链氨基酸

发芽糙米饭

【材料·2 人份 】
发芽糙米饭… 240g

（1 人份 碳水化合物 42g、盐 0g、热量 201kcal ）

汤 膳食纤维 铁 类黄酮
B族维生素 维生素 C&E

蒜苗鸡蛋汤

【材料·2 人份 】
蒜苗… 40g　　　　　　水… 300ml
鸡蛋液… 1 个的量　　　烧酒… 1 小勺
香油… 1/2 小勺　　　　Ⓐ 中式高汤粉… 1g
大葱碎… 10g　　　　　盐、胡椒粉… 各
加工混合野菜（水煮）… 40g　少量

【做法】
1 蒜苗切成 3cm 长的段。

2 锅中放入香油，中火加热，放入大葱和蒜苗翻炒。
　加入野菜和Ⓐ中材料，沸腾后小火煮两三分钟。

3 将蛋液垂直呈细流倒入，关火。稍等片刻后，慢慢
　搅拌均匀。

（1 人份 碳水化合物 2.3g、盐 0.5g、热量 73kcal ）

可调换的配菜和汤　　✓ 微辣豆芽拌香菜（P.76 ）　　✓ 微辣肉丝干萝卜丝汤（P.86 ）

食谱中包含的
营养物质　　膳食纤维　铁　类黄酮　B族维生素　维生素 C&E　支链氨基酸　锰

鱼

秋刀鱼幽庵烧套餐

幽庵烧除了可以用秋刀鱼，也推荐用鲭鱼、鲑鱼、鳕鱼等。作为配菜的是肝脏和魔芋的微辣口味炒菜，富含糖转化为能量不可或缺的 B 族维生素和铁。

碳水化合物 · 盐 · 热量（1人份）		
53.2g	3.7g	709kcal

配菜 ［膳食纤维］ ［铁］ ［B 族维生素］ ［支链氨基酸］

鸡肝魔芋小炒

【材料·2 人份】

鸡肝 … 150g

魔芋 … 100g

土豆淀粉 … 1 小勺

盐、胡椒粉 … 各少量

高汤 … 50ml

Ⓐ 烧酒、味醂 … 各 1 小勺

味噌、酱油 … 各 1 小勺

芝麻油 … 1 小勺

辣椒丝 … 少量

【做法】

1 鸡肝去除筋膜和血管，切成两三厘米见方的块，用冷水洗净，擦去水分。裹上盐、胡椒和土豆淀粉。把魔芋用手撕成拇指大小、裹上盐、焯水 2 分钟左右，用笊篱舀起。将Ⓐ中材料混合在一起。

2 平底锅放入芝麻油，大火烧热，将鸡肝的两面分别煎一两分钟，煎出香味。

3 加入魔芋翻炒，加入Ⓐ中材料，用中火煮至汤汁收干。盛出，用辣椒丝装饰。

（1 人份 碳水化合物 5.4g、盐 1.2g、热量 144kcal）

主食 ［膳食纤维］ ［铁］ ［类黄酮］ ［B 族维生素］ ［维生素 C&E］ ［支链氨基酸］

发芽糙米饭

【材料·2 人份】

发芽糙米饭 … 240g

（1 人份 碳水化合物 42g、盐 0g、热量 201kcal）

主菜 ［B 族维生素］ ［支链氨基酸］

秋刀鱼幽庵烧

【材料·2 人份】

秋刀鱼 … 2 条

Ⓐ 烧酒、酱油 … 各 1 大勺

味醂 … 2 小勺

酸橘 … 半个

紫苏叶 … 2 片

【做法】

1 秋刀鱼去头切成 3cm 长的段。用长筷子去除内脏，洗干净，擦干水分，用Ⓐ腌制 30 分钟。

2 步骤 1 中食材沥干水分，在铝箔上摆好，用烤鱼网或者烤箱烤 8 分钟左右，至表面金黄。

3 盘中垫上紫苏叶，摆上烤秋刀鱼，在旁边点缀切成扇形的酸橘。

（1 人份 碳水化合物 3.8g、盐 1.6g、热量 331kcal）

汤 ［膳食纤维］ ［铁］ ［类黄酮］ ［B 族维生素］ ［维生素 C&E］ ［支链氨基酸］

豆腐韭菜味噌汤

【材料·2 人份】

豆腐 … 60g

韭菜 … 15g

高汤 … 300ml

味噌 … 2 小勺

【做法】

1 豆腐切成 1cm 的块、韭菜切成 3cm 的段。

2 锅中加入高汤用中火烧开，放入步骤 1 的食材，煮 2 分钟。放入味噌，化开。

（1 人份 碳水化合物 2.1g、盐 0.9g、热量 33kcal）

可调换的配菜和汤　☑ 葱油泼蛤蜊芜菁（P.70）　☑ 蘑菇猪肉汤（P.82）

食谱中包含的 营养物质　［膳食纤维］ ［铁］ ［类黄酮］ ［B 族维生素］ ［维生素 C&E］ ［支链氨基酸］ ［盐］

肉

鹌鹑蛋肉卷套餐

肉卷中使用的猪肉和牛肉混合肉馅,既能获取猪肉中的 B 族维生素,又能摄入牛肉中的铁元素。加入鹌鹑蛋,用铝箔卷起来,做成方便的 2 人份!牡蛎浓汤中,用低 GI 的豆乳代替牛奶。

碳水化合物 · 盐 · 热量（1人份）

| 26.3g | 4.2g | 627kcal |

配菜 维生素 C&E

牛油果虾芥子沙拉

【材料·2 人份】

牛油果 … 1/2 个	橄榄油、柠檬汁
虾仁 … 60g	Ⓐ … 各 1/2 大勺
水萝卜 … 4 个	芥子 … 1/2 小勺
	盐、胡椒粉 … 各少量

【做法】

1 牛油果去核去皮，切成 2cm 见方的块，水萝卜四等分，切成扇形。虾煮 2 分钟，切成 2cm 大小。

2 碗中加入Ⓐ混合，再加入步骤 1 中食材拌匀。

（1 人份 碳水化合物 1.5g、盐 0.2g、热量 128kcal）

 汤　铁　类黄酮　B 族维生素　维生素 C&E　支链氨基酸

牡蛎豆乳浓汤

【材料·2 人份】

牡蛎 … 100g	豆乳 … 200ml
大葱 … 50g	水 … 100ml
蘑菇 … 20g	Ⓐ 白葡萄酒 … 30ml
黄油（上清部分）	鸡精 … 2g
… 10g	盐、胡椒粉 … 各少量
	水淀粉 … 1 大勺 &1/2 大勺（土豆淀粉 1/2 大勺用 1 大勺水化开）

【做法】

1 牡蛎如果太大，就切成两三等份。大葱斜切成 3mm 宽。蘑菇切成六瓣。

2 锅中加入黄油，中火加热，用小火炒，让大葱不会太上色，加入蘑菇继续翻炒。

3 步骤 2 中食材加入材料Ⓐ，炖 5 分钟。加入牡蛎，再炖 2 分钟。

4 加入水淀粉，让汤变浓稠。

（1 人份 碳水化合物 9.7g、盐 1.3g、热量 146kcal）

主菜　铁　B 族维生素　支链氨基酸

鹌鹑蛋肉卷

【材料·2 人份】

猪肉牛肉混合肉馅 … 150g	鹌鹑蛋 … 5 个
Ⓐ 盐 … 1/3 小勺	番茄酱（市售）
胡椒粉、肉豆蔻 … 少量	… 60g
黄油（上清部分）… 5g	杏鲍菇 … 20g
大葱碎（三四毫米宽）	菠菜叶 … 15g
… 1 大勺	

【做法】

1 锅中加入 4 个鹌鹑蛋，放入能刚好没过鹌鹑蛋的水，中火煮开后转小火，煮 5 分钟。捞出过冷水，剥壳。杏鲍菇切成 5mm 见方的块。

2 平底锅放黄油，中火加热。放入大葱碎和杏鲍菇，炒至微热，不烫手。

3 碗中加入Ⓐ中材料和步骤 2 中食材，打入剩下的一个鹌鹑蛋，搅拌均匀。

4 铝箔剪切成边长 30cm 的正方形，铺上步骤 3 中食材，整理成筒状，将煮好的鹌鹑蛋依次塞入，收紧铝箔的左右两端，包成糖果形状。烤箱 180℃烤 20 分钟。

5 取下铝箔，肉卷切成六等份，装盘。点缀上菠菜叶和番茄酱。

（1 人份 碳水化合物 3.3g、盐 1.4g、热量 266kcal）

 主食　膳食纤维　铁　类黄酮　锰

全麦面包

【材料·2 人份】

你喜欢的全麦面包 … 70g

（1 人份 碳水化合物 11.9g、盐 1.4g、热量 87kcal）

可调换的配菜和汤　　☑ 蒜炒芦笋樱虾（P.77）　　☑ 文蛤四季豆豆乳浓汤（P.84）

套餐中包含的
营养物质｜膳食纤维　铁　类黄酮　B 族维生素　维生素 C&E　支链氨基酸　锰

生姜烧肉套餐

生姜烧肉本来是用糖来提升甜味，使这道菜具有照烧风味。但为了不加糖，我们可以用苹果泥来代替。冻豆腐富含有助于保持健康的多种营养物质，可作为配菜。

碳水化合物·盐·热量（1人份）		
64.7g	4.1g	658kcal

配菜　膳食纤维　　铁　　类黄酮　支链氨基酸

虾仁炖冻豆腐

【材料·2人份】

冻豆腐 … 1 个　　　　荷兰豆 … 6 个
虾仁 … 30g　　　　　高汤 … 200ml
盐 … 少量　　　　　　味醂、生抽 … 各 2 小勺
土豆淀粉 … 1 小勺

【做法】

1 冻豆腐放入盘中，加温水至刚好没过，浸泡 30 分钟，中途翻面。洗净，至无浑浊液体流出，挤干水分，切成 4 等份。

2 虾仁裹上盐和淀粉。荷兰豆去筋，用盐水煮熟。

3 锅中放入高汤、味醂、生抽、步骤 1 中食材，小火煮 10 分钟。放入虾仁，加热 2 分钟，盛出。装饰上荷兰豆。

（1 人份 碳水化合物 5.1g、盐 1.2g、热量 94kcal）

主菜　膳食纤维　B 族维生素　支链氨基酸

生姜烧肉

【材料·2人份】

猪肩颈肉薄片 … 200g
盐、胡椒粉 … 各少量
土豆淀粉 … 1/2 大勺
香油 … 2 小勺

A │ 苹果泥 … 40g
　│ 味醂、酱油 … 各 4 小勺
　│ 生姜泥 … 15g
圆白菜丝 … 80g
西红柿块 … 1/2 个的量

【做法】

1 猪肉裹上盐、胡椒粉、淀粉。

2 平底锅中倒入香油，大火加热，平铺放入猪肉。上色后翻面，放入 A 中材料，让猪肉沾满酱汁。

3 盘中摆好圆白菜和西红柿，放上步骤 3 中材料。

（1 人份 碳水化合物 15.0g、盐 2.0g、热量 341kcal）

 主食　膳食纤维　　铁　　类黄酮　B 族维生素　维生素 C&E　支链氨基酸

发芽糙米饭

【材料·2人份】

发芽糙米饭 … 240g

（1 人份 碳水化合物 42g、盐 0g、热量 201kcal）

汤　铁　类黄酮　B 族维生素　维生素 C&E　支链氨基酸

冬瓜滑子菇味噌汤

【材料·2人份】

冬瓜 … 60g
滑子菇 … 40g
高汤 … 300ml
味噌 … 2 小勺

【做法】

1 冬瓜去皮，切成 1.5cm 见方的块。滑子菇放入笊篱中清洗，轻轻去除表面黏液。

2 锅中加入高汤，中火烧开，放入冬瓜煮 10 分钟。放入滑子菇，放入味噌，化开。

（1 人份 碳水化合物 2.6g、盐 0.9g、热量 23kcal）

可调换的配菜和汤　　☑ 生菜口蘑生火腿沙拉（P.74）　　☑ 蘑菇猪肉汤（P.82）

食谱中包含的 **营养物质**　│　膳食纤维　铁　类黄酮　B 族维生素　维生素 C&E　支链氨基酸　锰

蟹味菇西葫芦鸡肉咖喱饭套餐

碳水化合物·盐·热量（1人份）

| 72.1g | 4.0g | 631kcal |

配着咖喱总会多吃米饭。用富含膳食纤维、有嚼劲的糙米饭代替白米饭。咖喱中别忘了放膳食纤维丰富的菇类！泡菜的汤汁中不放糖，用苹果和味醂增加甜味。

配菜 　膳食纤维 　B 族维生素 　维生素 C&E

圆白菜和菜花泡菜

【材料・2 人份】

圆白菜、菜花、苹果 … 各 30g | 盐 … 1/3 小勺
苹果醋、水 … 各 2 大勺 | 黑胡椒粒 … 3 粒
味醂 … 1 大勺

【做法】

1 圆白菜切成 1cm 宽 3cm 长、苹果切成宽 1cm 高 3cm 的条。菜花分成小块。

2 在耐热容器中放入所有的材料，混合均匀，轻轻盖上保鲜膜，微波炉加热 4 分钟。搅拌均匀，放置 30 分钟左右至室温。

（1 人份　碳水化合物 7.4g、盐 1.0g、热量 42kcal）

配菜 　膳食纤维 　铁 　B 族维生素
维生素 C&E 　支链氨基酸

鸡蛋西红柿沙拉

【材料・2 人份】

煮鸡蛋 … 1 个 | 柠檬汁 … 2 小勺
西红柿 … 1/2 个 | Ⓐ 橄榄油、酱油 … 各 1 小勺
| 盐、胡椒粉 … 各少量
西芹（可选）… 少量

【做法】

1 用粗网笊篱将煮鸡蛋过筛。西红柿切成 1cm 厚的片。Ⓐ 中材料混合均匀。

2 西红柿装盘，浇上 Ⓐ，倒上鸡蛋。用西芹装饰。

（1 人份　碳水化合物 2.7g、盐 0.6g、热量 71kcal）

主菜 　膳食纤维 　B 族维生素 　维生素 C&E
主食 　支链氨基酸 　锰

西葫芦蟹味菇鸡肉咖喱饭

【材料・2 人份】

去皮鸡腿肉 … 150g | 水 … 300ml
蟹味菇、大葱、 | Ⓐ 苹果泥 … 30g
　西葫芦 … 各 40g | 生姜泥 … 3g
咖喱块 … 40g | 发芽糙米饭 … 240g
盐、胡椒粉 … 各少量
黄油（上清部分）… 10g

【做法】

1 鸡肉切成 2cm 见方的块，裹上盐和胡椒粉。蟹味菇去根，用手撕开。大葱斜切成 5mm 宽，西葫芦切成 5mm 厚的片。咖喱块切碎。

2 平底锅放入黄油，中火加热，放入鸡肉、蟹味菇、大葱和西葫芦炒香，加入盐和胡椒粉调味。

3 放入 Ⓐ 中食材，炖 10 分钟左右。加入咖喱，再煮 5 分钟左右。

4 糙米饭装盘，浇上步骤 3 中咖喱酱。

（1 人份　碳水化合物 62.0g、盐 2.4g、热量 518kcal）

可调换的配菜和汤 　☑ 生菜口蘑生火腿沙拉（P.74） 　☑ 鳀鱼炒金针菇和荷兰豆（P.75）

食谱中包含的
营养物质 | 膳食纤维 　铁 　类黄酮 　B 族维生素 　维生素 C&E 　支链氨基酸 　锰

牛肉时雨煮套餐

炖牛肉时，利用味酥和烧酒降低 GI。味噌汤中
加入富含膳食纤维的煮黄豆，汤的分量充足。
腌菜中加入类黄酮满满的香橙皮。

碳水化合物 · 盐 · 热量（1人份）		
63.4g	5.0g	603kcal

配菜 〔膳食纤维〕 〔铁〕 〔类黄酮〕
〔支链氨基酸〕

白菜黄瓜香橙风味腌菜

【材料·2人份】

| 白菜 … 100g | 盐 … 1/3 小勺 |
| 黄瓜 … 20g | 咸海带、香橙皮 … 各少量 |

【做法】

1 白菜切成 3cm 见方的块。黄瓜切薄片。

2 保鲜袋中放入所有材料，用手揉搓。排除空气封口，压上重物，腌制 30 分钟。挤干水分，盛出。

（1 人份 碳水化合物 1.6g、盐 1.3g、热量 11kcal）

 主菜 〔膳食纤维〕 〔铁〕 〔支链氨基酸〕

牛肉时雨煮

【材料·2人份】

牛肉边角碎肉 … 120g	高汤 … 200ml
土豆淀粉 … 1 小勺	Ⓐ 酱油、味醂 … 各 2 大勺
大葱、牛蒡 … 各 80g	烧酒 … 1 大勺
生姜 … 3g	辣椒粉 … 少量
香油 … 2 小勺	

【做法】

1 牛肉裹上淀粉。大葱斜切成 2mm 宽。牛蒡用削皮器刮成细丝，水中浸泡 5 分钟，挤干水分。生姜切丝。

2 平底锅倒入香油，中火加热，放入大葱、牛蒡和生姜慢炒，放入牛肉翻炒几下。

3 放入Ⓐ中食材，炖 10 分钟左右，至汤汁几乎收干。盛出，撒上辣椒粉。

（1 人份 碳水化合物 17.7g、盐 2.8g、热量 358kcal）

 主食 〔膳食纤维〕 〔铁〕 〔类黄酮〕
〔B 族维生素〕 〔维生素 C&E〕 〔支链氨基酸〕

发芽糙米饭

【材料·2人份】

发芽糙米饭 … 240g

（1 人份 碳水化合物 42g、盐 0g、热量 201kcal）

 汤 〔膳食纤维〕 〔铁〕 〔类黄酮〕
〔B 族维生素〕 〔维生素 C&E〕 〔支链氨基酸〕

金针菇水芹味噌汤

【材料·2人份】

金针菇 … 30g

水芹、煮好的黄豆 … 各 20g

高汤 … 300ml

味噌 … 2 小勺

【做法】

1 金针菇去根，切成 2 段，撕开。水芹切成 3cm 的段。

2 锅中加入高汤，中火烧开，放入步骤 1 中食材和煮好的黄豆，煮 1 分钟，加入味噌化开。

（1 人份 碳水化合物 2.2g、盐 1.0g、热量 34kcal）

可调换的配菜和汤 ☑ 蒜炒芦笋樱虾（P.77） ☑ 豆腐薯蓣昆布清汤（P.83）

食谱中包含的 **营养物质** | 〔膳食纤维〕 〔铁〕 〔类黄酮〕 〔B 族维生素〕 〔维生素 C&E〕 〔支链氨基酸〕 〔锰〕

煎牛肉套餐

牛肉中富含的铁元素，不仅可以预防贫血，更对能从食物中提取能量的线粒体起到活化作用。搭配富含维生素的巴旦木汤和沙拉，一起食用吧。

碳水化合物·盐·热量（1人份）

| 22.1g | 4.1g | 810kcal |

配菜 〔膳食纤维〕〔B 族维生素〕〔维生素 C&E〕
〔支链氨基酸〕

芦笋马其顿沙拉

【材料·2 人份】

芦笋 … 1 根
火腿、黄瓜、再制奶酪
… 各 30g

Ⓐ | 蛋黄酱 … 1 大勺
  | 盐、胡椒粉 … 各少量

【做法】

1 芦笋用盐水稍煮，放凉。切成 8mm 长的小段。火腿、黄瓜和奶酪也切成 8mm 见方的小块。

2 加入Ⓐ中材料，拌匀。

（1 人份 碳水化合物 1.3g、盐 0.9g、热量 115kcal）

汤 〔铁〕〔B 族维生素〕〔维生素 C&E〕
〔锰〕

巴旦木汤

【材料·2 人份】

巴旦木 … 60g
大葱 … 30g
藕 … 20g
黄油（上清部分）… 10g

Ⓐ | 水 … 300ml
  | 鸡精 … 2g
  | 盐、胡椒粉 … 各少量

【做法】

1 巴旦木放入保鲜袋，用擀面杖等碾成粗粒。大葱切葱花、藕先切成 2mm 厚的片，再十字切开。

2 黄油用中火加热，加入巴旦木，炒出香味，盛出少量，其余的撒在汤上。

3 步骤 2 的锅中再放入葱花和藕片继续翻炒。加入水、鸡精、盐和胡粉，煮 10 分钟左右。

4 倒入搅拌机，打至丝滑，再次加热盛出。撒上之前盛出的巴旦木碎。

（1 人份 碳水化合物 6.1g、盐 0.5g、热量 229kcal）

主菜 〔膳食纤维〕〔铁〕〔支链氨基酸〕

煎牛肉

【材料·2 人份】

牛肩里脊肉块 … 200g
盐 … 1/3 小勺
胡椒 … 少量
大葱 … 60g
芹菜 … 40g
黄油（上清部分）… 10g
白葡萄酒 … 30ml
鸡精 … 1g
水 … 50ml
豆瓣菜 … 少量

【做法】

1 牛肉室温上放置 30 分钟，撒上盐、胡椒，用手揉搓。大葱和芹菜切薄片。

2 平底锅中放入黄油，大火将牛肉表面煎至金黄，取出。放入大葱、芹菜简单炒一下，转小火。牛肉放回锅中，放在蔬菜上，盖上锅盖。

3 5 分钟后将牛肉取出，放到盘子里。盖上步骤 2 中平底锅的热锅盖，保温。

4 在大葱和芹菜的平底锅中，放入白葡萄酒、鸡精、水，中火加热，水分快烧干时盛出，铺在盘子上。步骤 3 中牛肉切好装盘，旁边点缀豆瓣菜。

（1 人份 碳水化合物 2.9g、盐 1.3g、热量 380kcal）

主食 〔膳食纤维〕〔铁〕〔B 族维生素〕
〔锰〕

全麦面包

【材料·2 人份】

你喜欢的全麦面包 … 70g

（1 人份 碳水化合物 11.9g、盐 1.4g、热量 87kcal）

可调换的配菜和汤　✓ 日式炸豆腐（P.78）　✓ 竹笋蚬汤（P.87）

食谱中包含的
营养物质　〔膳食纤维〕〔铁〕〔类黄酮〕〔B 族维生素〕〔维生素 C&E〕〔支链氨基酸〕〔锰〕

豆苗炒虾配温泉蛋套餐

豌豆新芽的豆苗营养丰富。用海带茶炒制，配合温泉蛋一起食用。配菜和汤中加入了黄麻菜和韭菜等黄绿色蔬菜，提高了抗氧化作用。

碳水化合物 · 盐 · 热量（1人份）

48.0g	2.3g	401kcal

配菜	膳食纤维	B 族维生素	维生素 C&E
	锰		

黄麻菜拌蟹味菇

【 材料 · 2 人份 】

黄麻菜 … 100g	白葡萄酒 … 1 大勺
蟹味菇 … 40g	烤海苔 … 1/2 片
高汤 … 2 大勺	酱油 … 1 小勺

【 做法 】

1 黄麻菜用盐水（未计入材料）快速焯一下，挤出水分，切成3cm长。蟹味菇分成小块。烤海苔撕碎。

2 海苔放入锅中，开中火干炒，放入白葡萄酒、高汤、酱油，搅拌混合，将海苔搅碎。

3 放入蟹味菇，煮 1 分钟左右。放凉后，加入黄麻菜，拌匀。

（1 人份 碳水化合物 1.1g、盐 0.5g、热量 32kcal ）

主菜	B 族维生素	维生素 C&E

豆苗炒虾配温泉蛋

【 材料 · 2 人份 】

豆苗 … 1 包	烧酒 … 2 小勺
虾仁 … 40g	酱油 … 1 小勺
盐 … 少量	海带茶（粉末）… 1g
土豆淀粉 … 1 小勺	胡椒粉 … 少量
香油 … 1 小勺	温泉蛋 … 2 个
大蒜碎 … 少量	

【 做法 】

1 豆苗去根、切成 2 段。虾裹上盐和淀粉。

2 平底锅中放入香油和大蒜碎，中火加热，放入虾仁翻炒。

3 放入豆苗翻炒，加入烧酒、海带茶和胡椒粉调味。盛出，放上温泉蛋。

（1 人份 碳水化合物 2.9g、盐 1.0g、热量 147kcal ）

主食	膳食纤维	铁	类黄酮
	B 族维生素	维生素 C&E	支链氨基酸

发芽糙米饭

【 材料 · 2 人份 】

发芽糙米饭 … 240g

（1 人份 碳水化合物 42g、盐 0g、热量 201kcal ）

汤	膳食纤维	铁	类黄酮
	B 族维生素	维生素 C&E	

韭菜菜花味噌汤

【 材料 · 2 人份 】

韭菜 … 15g
西蓝花 … 40g
高汤 … 300ml
味噌 … 2 小勺

【 做法 】

1 韭菜切成 3cm 长，西蓝花分成小块。

2 锅中倒入高汤煮沸，放入西蓝花转小火煮 2 分钟，放入韭菜，加入味噌化开。

（1 人份 碳水化合物 2.0g、盐 0.9g、热量 22kcal ）

可调换的配菜和汤	✓ 西蓝花香肠咖喱汤（P.84 ）	✓ 鲅鱼小松菜红味噌汤（P.83 ）

食谱中包含的 营养物质	膳食纤维	铁	类黄酮	B 族维生素	维生素 C&E	支链氨基酸	锰

圆白菜青椒炒肉套餐

放入了大量 GI 低的圆白菜和青椒，蚝油和大蒜带来丰富的口感。配菜中放入了有嚼劲的藕等蔬菜。细嚼慢咽，可以防止血糖快速升高。

碳水化合物·盐·热量（1 人份）

| 53.1g | 2.6g | 439kcal |

配菜 | 膳食纤维 | 类黄酮 | 维生素 C&E

藕拌舞茸

【材料·2 人份】

藕 … 40g

舞茸 … 30g

榨菜（调味用）… 5g

A
大葱碎 … 1 大勺
生姜丝 … 少量
酱油 … 1 小勺
香油 … 1 小勺

【做法】

1 藕纵切 4 等份，再切成 2mm 厚的片。舞茸用手撕开。榨菜切丝。

2 锅中放入藕，加水至刚好没过藕，大火煮开 2 分钟后，放入舞茸，再煮 1 分钟。捞出，挤干水分。

3 碗中放入Ⓐ中材料、榨菜，加入步骤 2 中食材，拌匀。

（1 人份 碳水化合物 3.3g、盐 0.8g、热量 38kcal）

主食 | 膳食纤维 | 铁 | 类黄酮 | B 族维生素 | 维生素 C&E | 支链氨基酸

发芽糙米饭

【材料·2 人份】

发芽糙米饭 … 240g

（1 人份 碳水化合物 42g、盐 0g、热量 201kcal）

主菜 | 膳食纤维 | B 族维生素 | 维生素 C&E

圆白菜青椒炒肉

【材料·2 人份】

圆白菜 … 2 个

青椒 … 2 个

猪肉 … 80g

盐、胡椒粉 … 各少量

土豆淀粉 … 1 小勺

香油 … 1 小勺

A
大蒜碎 … 少量
烧酒 … 1 大勺
蚝油 … 2 小勺
中式高汤粉 … 2g
水 … 2 大勺

【做法】

1 圆白菜切成 3cm 的方块，青椒去蒂去籽，切成 3cm 的方块。鸡肉切成 3cm 长、5mm 宽的条，裹上盐、胡椒粉和淀粉。

2 平底锅中放入香油和大蒜，中火加热，放入鸡肉翻炒。

3 放入圆白菜和青椒翻炒，加入Ⓐ翻炒均匀。放盐、胡粉椒调味。

（1 人份 碳水化合物 6.7g、盐 1.3g、热量 180kcal）

汤 | 膳食纤维 | 铁 | 类黄酮 | 维生素 C&E

蒿子秆木耳汤

【材料·2 人份】

蒿子秆 … 15g

干木耳 … 2g

白菜 … 30g

香油 … 1/2 小勺

大葱碎 … 1 大勺

A
烧酒 … 1 小勺
中式高汤粉 … 2g
水 … 300ml
盐、胡椒粉 … 各少量

【做法】

1 蒿子秆切成 3cm 长，木耳泡发，切成 1cm 宽。白菜切成 3cm 长的条。

2 锅中放入香油和大葱，中火加热，放入白菜翻炒，加入Ⓐ中材料。沸腾后，放入蒿子秆和木耳煮 2 分钟，加盐和胡椒粉调味。

（1 人份 碳水化合物 1.1g、盐 0.5g、热量 21kcal）

可调换的配菜和汤　✓ 四季豆辣椒炒鳗鱼（P.73）　✓ 竹笋蚬汤（P.87）

食谱中包含的 **营养物质** | 膳食纤维 | 铁 | 类黄酮 | B 族维生素 | 维生素 C&E | 支链氨基酸 | 锰

杏鲍菇培根卷配烤蔬菜串套餐

蘑菇、大葱和西蓝花是蔬菜中 GI 低且营养丰富的食材。用培根卷好，串起来烤，十分有嚼劲，提升满足感！作为配菜的拌姜醋，也推荐用豆芽代替生菜。

碳水化合物 · 盐 · 热量（1人份）		
50.1g	2.7g	326kcal

配菜 　铁　 B族维生素 　锰　

生菜小沙丁鱼拌姜醋

【材料·2 人份】

生菜 … 1 个　　　　　醋、高汤 … 各 2 小勺
干裙带菜 … 2g　　　酱油 … 1 小勺
生姜 … 2g　　　　　熟小沙丁鱼 … 10g

【做法】

1 生菜切成 3cm 的方块。泡发裙带菜，切成 3cm 的块，快速焯一下，挤干水分。生姜切丝。

2 将醋、高汤和酱油混合，加入步骤 1 中食材，和小沙丁鱼拌匀。

（1 人份 碳水化合物 0.6g、盐 0.7g、热量 10kcal）

主菜 膳食纤维 B族维生素 维生素 C&E 支链氨基酸

杏鲍菇培根卷配烤蔬菜串

【材料·2 人份】

杏鲍菇 … 1 大个　　　培根 … 3 片
大葱 … 1 根　　　　　味醂、酱油 … 各 1 小勺
西蓝花 … 90g　　　　柠檬（切成扇形）… 2 个

【做法】

1 杏鲍菇纵切成两半，再横切成 3 等份。大葱横着切成 6 等分。西蓝花 6 等分成小块。培根切成两半。

2 用培根将杏鲍菇卷起，同大葱、西蓝花用竹签穿起来。

3 烤箱的烤盘上铺上铝箔，平铺放上步骤 2 中蔬菜串，浇上酱油和味醂。烤 5 分钟左右，盛出，旁边摆上柠檬。

（1 人份 碳水化合物 5.8g、盐 1.2g、热量 95kcal）

主食 膳食纤维 　铁　 类黄酮 B族维生素 维生素 C&E 支链氨基酸

发芽糙米饭

【材料·2 人份】
发芽糙米饭 … 240g

（1 人份 碳水化合物 42g、盐 0g、热量 201kcal）

汤 膳食纤维 　铁　 类黄酮 B族维生素 维生素 C&E

小松菜香菇味噌汤

【材料·2 人份】

小松菜 … 40g
香菇 … 2 个
高汤 … 300ml
味噌 … 2 小勺

【做法】

1 小松菜切成 3cm 长，香菇去蒂，切薄片。

2 锅中倒入高汤中火煮沸，放入小松菜和香菇，煮 2 分钟，加入味噌化开。

（1 人份 碳水化合物 1.8g、盐 0.9g、热量 21kcal）

可调换的配菜和汤 ☑ 蚝油风味西蓝花焖蚬（P.72） ☑ 蘑菇猪肉汤（P.82）

食谱中包含的
营养物质 ｜ 膳食纤维 　铁　 类黄酮 B族维生素 维生素 C&E 支链氨基酸 　锰

醋炖青梗菜黄豆鸡翅中套餐

醋有抑制血糖快速升高和嫩肤的惊喜效果！不单是醋拌凉菜，小炒和炖煮时也慢慢增加使用吧。汤中放了用全麦面粉做的手工馄饨，作为点心吃也可以。

碳水化合物·盐·热量（1人份）

| 73.7g | 3.7g | 703kcal |

配菜	膳食纤维	铁	类黄酮
	支链氨基酸		

竹笋拌鲣鱼

【材料·2 人份】

煮熟的竹笋 … 40g　　　　大葱碎 … 1 大勺
生鲣鱼 … 40g　　　　　　生姜丝 … 少量

Ⓐ
　香油、味醂 … 各 1 小勺
　豆瓣酱 … 少量
　酱油 … 2 小勺

【做法】

1 竹笋先纵切成两半，再切成 3mm 厚的片。香菜切成 2cm 长的段。将Ⓐ中材料混合。

2 鲣鱼切成 5mm 厚，蘸上一半的材料Ⓐ，10 分钟后擦干水分。

3 剩下的材料Ⓐ中放入包括步骤 2 中的所有食材，简单拌匀。

（1 人份 碳水化合物 2.4g、盐 0.9g、热量 68kcal）

主食	膳食纤维	铁	类黄酮
	B 族维生素	维生素 C&E	支链氨基酸

发芽糙米饭

【材料·2 人份】

发芽糙米饭 … 240g

（1 人份 碳水化合物 42g、盐 0g、热量 201kcal）

主菜	膳食纤维	类黄酮	维生素 C&E
	支链氨基酸		

醋炖青梗菜黄豆鸡翅中

【材料·2 人份】

青梗菜 … 1 棵　　　　　香油 … 1 小勺
黄豆（煮好的）… 60g　　味醂、醋 … 各 2 大勺
鸡翅中 … 4 个　　　　Ⓐ酱油 … 1 大勺
大葱 … 1/2 根　　　　　高汤 … 200ml

【做法】

1 青梗菜切成 3cm 长，根部 6 等分。大葱斜切成 8mm 宽。

2 平底锅中放入香油，中火加热，放入鸡肉和大葱，煎至金黄。

3 放入黄豆和Ⓐ中材料，盖上锅盖，煮 15 分钟左右。加入青梗菜，再煮两三分钟。

（1 人份 碳水化合物 10.8g、盐 1.7g、热量 243kcal）

汤	膳食纤维	B 族维生素	维生素 C&E
	支链氨基酸	锰	

菠菜全麦馄饨汤

【材料·2 人份】

菠菜 … 20g　　　　　　　猪肉馅 … 40g
全麦馄饨皮（见 P12）　　　大葱碎 … 1 小勺
　… 8 张　　　　　　　Ⓐ生姜丝 … 少量
中式高汤粉 … 2g　　　　　盐、胡椒粉、香油
盐、胡椒粉 … 各少量　　　　… 各少量
豆芽 … 40g　　　　　Ⓑ水 … 300ml
鸡蛋液 … 1 个的量　　　　酱油 … 1 小勺
枸杞 … 8 粒

【做法】

1 Ⓐ中材料混合在一起，做成肉馅，用馄饨皮包成馄饨。菠菜切成 3cm 长。枸杞用温水泡发。

2 锅中放入材料Ⓑ，煮开，放入步骤 1 的馄饨，煮 2 分钟左右。

3 放入豆芽和菠菜，沸腾后，打入鸡蛋液，关火，片刻后慢慢搅拌，盛出。撒上泡发的枸杞。

（1 人份 碳水化合物 18.5g、盐 1.2g、热量 192kcal）

可调换的配菜和汤　　✓ 豆腐茶碗蒸（P.80）　　✓ 微辣肉丝干萝卜丝汤（P.86）

食谱中包含的
营养物质　| 膳食纤维 | 铁 | 类黄酮 | B 族维生素 | 维生素 C&E | 支链氨基酸 | 锰 |

炸猪肉茄盒套餐

茄子皮含有一种叫作色素茄苷的类黄酮，具有
抗氧化作用。炸的时候，不用面粉或者面包
糠，而是全麦面粉或者将全麦面包磨碎自制的
面包糠，就做成一道低 GI 的美食。

碳水化合物・盐・热量（1人份）

| 62.9g | 3.7g | 679kcal |

| 配菜 | 膳食纤维 | 铁 | 类黄酮 |
| B 族维生素 | 维生素 C&E | 支链氨基酸 |

油菜花鲑鱼炖豆渣

【材料·2 人份】

油菜花 … 30g
鲑鱼 … 40g
香油 … 1/2 小勺

Ⓐ 味醂 … 1/2 大勺
Ⓐ 酱油 … 1/2 小勺
Ⓐ 高汤 … 100ml
豆渣 … 50g

【做法】

1 油菜花切成 3cm 长，用盐水（未计入材料）焯过，捞出，挤干水分。鲑鱼去掉刺和鱼皮，切成 1cm 宽。

2 平底锅中倒入香油，中火加热，放入鲑鱼翻炒，加入Ⓐ中材料和豆渣，煮两三分钟。

3 水烧干后，放入油菜花，混合均匀。

（1 人份 碳水化合物 3.2g、盐 0.8g、热量 83kcal）

| 主食 | 膳食纤维 | 铁 | 类黄酮 |
| B 族维生素 | 维生素 C&E | 支链氨基酸 |

发芽糙米饭

【材料·2 人份】

发芽糙米饭 … 240g

（1 人份 碳水化合物 42g、盐 0g、热量 201kcal）

| 主菜 | 膳食纤维 | 铁 | 类黄酮 |
| B 族维生素 | 维生素 C&E |

炸猪肉茄盒

【材料·2 人份】

茄子 … 2 根
Ⓐ 猪肉馅 … 120g
Ⓐ 煮毛豆 … 20g（净重）
Ⓐ 生姜末 … 2g
Ⓐ 味噌 … 2 小勺

鸡蛋液 … 1 个的量
全麦面粉 … 25g
全麦面包糠 … 25g
油 … 适量
水萝卜 … 2 根
橙醋酱油 … 适量

【做法】

1 茄子从蒂周围去掉萼片，纵切成两半。再从中间横切一下，不要切断，泡水 10 分钟，去除涩味，擦干水分。

2 将材料Ⓐ混合，分成 4 等份，塞进茄子的切口中。

3 鸡蛋液中加入全麦面粉，混匀，给步骤 2 中茄子裹上浆，再裹上全麦面包糠。

4 油加热至 180℃，将茄盒炸制金黄，沥干油。水萝卜切成两半，一起盛出。蘸橙醋酱油食用。

（1 人份 碳水化合物 15.6g、盐 1.9g、热量 376kcal）

| 汤 | 膳食纤维 | 铁 | 类黄酮 |
| B 族维生素 | 维生素 C&E |

蟹味菇四季豆红味噌汤

【材料·2 人份】

蟹味菇、四季豆 … 各 30g
高汤 … 300ml
红味噌 … 2 小勺

【做法】

1 蟹味菇撕开。四季豆去筋，切成 3cm 长。

2 锅中倒入高汤中火煮沸，放入蟹味菇和四季豆中火煮 3 分钟左右，加入红味噌化开。

（1 人份 碳水化合物 2.1g、盐 1.0g、热量 20kcal）

可调换的配菜和汤　　☑ 炸豆腐块生蚝味噌煮（P.81）　　☑ 豆腐薯蓣昆布清汤（P.83）

食谱中包含的
营养物质 | 膳食纤维 | 铁 | 类黄酮 | B 族维生素 | 维生素 C&E | 支链氨基酸 | 锰 |

我们为何这么爱甜食?

甜食为什么让我们迷恋呢?让我们来考虑一下这个问题吧。人体从吃下去的食物中吸收营养,由 60 万亿个细胞构成。这些细胞会在 3 个月之内被摄入的食物所代替。

人体所必需的成分是蛋白质、脂肪、碳水化合物,还有人体无法合成的维生素、矿物质以及水。其中碳水化合物不仅是身体的构成成分,还在细胞内被分解产生能量。

当然,蛋白质、脂肪和碳水化合物都在细胞内被分解,产生能量。产生能量的场所是细胞中的线粒体。能量在线粒体中被合成为 ATP(腺嘌呤核苷三磷酸),细胞利用 ATP 完成各种工作。产生 ATP 的途径叫作 TCA(三羧酸)循环,该循环的中心是葡萄糖。这种葡萄糖是从砂糖和大米中合成的糖(单糖的一种),因此人体本能地喜欢砂糖、高品质的大米,当然还有甜食。

顺便一提,你知道婴儿只吃甜的东西吗?人的舌头能感受的味觉一般有甜味、酸味、咸味、苦味、咸味,婴儿在还不太能分得清的时候,什么都往嘴里放,但是会吐出没有甜味的东西。因为他本能地知道,酸味意味着腐烂,苦味代表着里面有毒。一般来说,甜的东西大都是新鲜且无毒的。

肉食动物为了不吃到毒素,只吃活着的、血液还流动着的动物内脏或者肉。同样,人体为了不吃到有毒或腐烂的东西,也有着喜欢吃甜的东西的机制。

另外,我们的大脑中有种叫奖赏机制的网络,反复做擅长的事物可以引起脑内多巴胺的释放,产生快感。因而人们会不断重复地做这件事。这种快感和人们吃饱喝足时的满足感是一样的,想吃甜食这一本能如果不加控制,过多摄入的碳水化合物将以脂肪的形式储存起来,就会让人患上糖尿病或代谢综合征等生活习惯病。

美味减糖的

18 道主菜

减糖生活对食物的限制很多，容易变得单调。所以，我们将食材按肉、鱼、蔬菜等分类，介绍一些花样丰富的美味菜肴！虽然人的口味不同，但一定会享受不重样的乐趣。

碳水化合物·盐·热量（1人份）
9.0g | **1.8**g | **343**kcal

 鱼

（膳食纤维）（铁）（B族维生素）（维生素C&E）（支链氨基酸）

青花鱼中维生素 B_2 的含量在鱼类里是数一数二的！

蔬菜盖浇炸青花鱼

【材料·2人份】

青花鱼（3枚切片）…1片

大葱…4cm

青椒…1个

胡萝卜…10g

豆芽菜…30g

盐、胡椒粉…各少量

土豆淀粉…2小勺

油…适量

香油…1小勺

生姜丝…少量

Ⓐ 高汤…100ml
酱油、味醂烧酒
…各1大勺

水淀粉…1大勺
（土豆淀粉1小勺用2小勺
水化开）

【做法】

1 青花鱼片4等分，裹上盐、胡椒粉和淀粉。大葱、青椒、胡萝卜切丝。豆芽菜去根。

2 锅中倒油，加热至180℃，放入青花鱼，炸3分钟左右至表面金黄，将油沥干。

3 平底锅放入香油和生姜丝，中火加热，按照大葱、胡萝卜、青椒、豆芽的顺序放入，翻炒。放入材料Ⓐ，沸腾后，倒入水淀粉增稠。

4 将步骤2中的青花鱼盛出，浇上步骤3中食材。

推荐的配菜

☑ 生菜口蘑生火腿沙拉（P.74）

☑ 黄豆苦瓜汤（P.87）

鱼

| 膳食纤维 | 铁 | B 族维生素 | 维生素 C&E |

较小的沙丁鱼，剖开去骨再炸也 OK。

咖喱味炸沙丁鱼配炒芦笋

【材料·2 人份】

沙丁鱼 … 2 条
盐 … 1/2 小勺
咖喱粉 … 1/2 小勺
土豆淀粉 … 1 小勺
芦笋 … 2 根
芹菜 … 40g
油 … 适量
橄榄油 … 1 小勺
迷迭香 … 1/2 根
胡椒粉 … 少量
白葡萄酒 … 15ml

【做法】

1　沙丁鱼去头，取出内脏，用水清洗，擦干水分。裹上盐 1/4 小勺、咖喱粉和淀粉。

2　芦笋斜切成 4cm 长。芹菜斜切成 5mm 宽。

3　锅中倒油加热至 180℃，沙丁鱼下锅炸至金黄，将油沥干。

4　平底锅倒入橄榄油，加热，放入芦笋、芹菜、撕碎的迷迭香，剩下的盐（1/4 小勺）和胡椒粉，翻炒，倒入白葡萄酒，翻炒均匀。

5　盛出炸好的沙丁鱼，倒上步骤 4 中食材。

推荐的配菜

☑ 蚝油风味西蓝花焖蚬
（P.72）

☑ 大葱芹菜炖培根
（P.85）

碳水化合物 · 盐 · 热量（1 人份）

2.7g | **1.6**g | **152**kcal

碳水化合物 · 盐 · 热量（1人份）

6.3g | **1.6**g | **227**kcal

| 铁 | B族维生素 | 维生素 C&E | 支链氨基酸 |

在脊背呈蓝色的鱼中，鲅鱼不仅含有大量的 DHA 和 EPA，还富含铁！

鲅鱼小松菜萝卜煮

【材料·2人份】

鲅鱼…2片

小松菜…40g

生姜…少量

萝卜…80g

Ⓐ { 高汤…50ml
烧酒、味醂、酱油
…各1大勺 }

【做法】

1 鲅鱼切成 3cm 宽，撒上盐（未计入材料），静置 10 分钟，擦干水分。小松菜切成 3cm 长，生姜和萝卜磨成泥。

2 锅中放入材料Ⓐ，中火煮开，放入鲅鱼，小火煮四五分钟。放入小松菜、生姜泥、萝卜泥，再煮一两分钟。

POINT

用什么代替清酒？

日本清酒以精白米为原料。GI 相当高，用来做菜也不可以。可用蒸馏酒的烧酒来代替。

推荐的配菜

✓生菜口蘑生火腿沙拉（P.74）

✓黄豆苦瓜汤（P.87）

铁 | B族维生素 | 维生素 C&E | 支链氨基酸

鱿鱼中富含能使血糖下降的牛磺酸。

鱿鱼炒韭菜

【材料·2人份】

鱿鱼（肉和须）… 150g

韭菜 … 40g

盐、胡椒粉 … 各少量

香油 … 1/2 大勺

大葱碎 … 2 大勺

生姜丝 … 1 小勺

中式高汤粉 … 1g

烧酒 … 1 大勺

【做法】

1 鱿鱼肉切成 8mm 宽的圈，鱿鱼须切成适口大小，撒上盐和胡椒粉。韭菜切成 4cm 长。

2 平底锅放入香油和生姜丝，中火加热，放入鱿鱼翻炒。

3 加入中式高汤粉、烧酒、盐、胡椒粉和韭菜，翻炒均匀。

推荐的配菜

☑ 蚝油风味西蓝花焖蚬（P.72）

- - - - - - - - - - - - - - - - - - -

☑ 微辣肉丝干萝卜丝汤（P.86）

碳水化合物·盐·热量（1 人份）

1.0g | 0.7g | 110kcal

碳水化合物・盐・热量（1人份）
9.5g | **2.2**g | **177**kcal

鱼

铁 | B族维生素 | 维生素C&E | 支链氨基酸

比目鱼肉含有丰富的牛磺酸，其鱼子富含B族维生素。

炖比目鱼

【材料・2人份】

比目鱼…2片
盐…少量
菠菜…60g
A { 烧酒、味醂…各2大勺
酱油…4小勺
生姜薄片…少量 }
葱白丝…10g

【做法】

1. 比目鱼撒上盐，静置10分钟，烫一下（参照POINT）。菠菜用盐水焯过，切成3cm长。

2. 平底锅中放入材料Ⓐ、比目鱼，用锅盖（或锡纸）盖上，中火炖5分钟左右。

3. 打开盖子，一边舀起汤汁浇在食材上，一边继续炖，汤达到一定浓度后，连汤盛出。旁边摆上菠菜和葱白丝。

推荐的配菜

✓ 生菜口蘑生火腿沙拉（P.74）

✓ 鲅鱼小松菜红味噌汤（P.83）

POINT

比目鱼放入方盘等容器，浇几次热水，鱼表面变白后，放入冰水中，不要破坏鱼肉，轻轻地用手去除鳞和脏东西。

碳水化合物・盐・热量（1 人份）

4.1g | **2.0**g | **177**kcal

　鱼

B 族维生素　维生素 C&E　支链氨基酸

用低脂肪、高蛋白的鳕鱼做成豆乳汤！

法式黄油煎鳕鱼配菜花酱

【材料・2 人份】

鳕鱼 … 2 片

菜花 … 60g

盐 … 1/2 小勺

胡椒粉 … 少量

土豆淀粉 … 2 小勺

黄油（上清部分）… 15g

豆乳 … 100ml

鸡精 … 1g

香芹碎 … 少量

【做法】

1　鳕鱼裹上 1/4 小勺的盐、胡椒粉和淀粉。菜花分成小块。

2　平底锅放入黄油 7.5g，中火加热，鳕鱼皮朝下平铺放入，煎 3 分钟左右。表皮煎脆后翻面，再用小火煎 2 分钟。

3　锅中放入剩下的黄油（7.5g），小火加热，炒一下菜花。放入豆乳、鸡精、剩下的盐（1/4 小勺）和胡椒粉，煮三四分钟。

4　盛出鳕鱼，浇上步骤 3 的菜花酱汁，撒上香芹碎。

推荐的配菜

✓ 生菜口蘑生火腿沙拉（P.74）

✓ 大葱芹菜炖培根（P.85）

碳水化合物·盐·热量（1人份）		
17.7g	4.1g	368kcal

〔膳食纤维〕　〔铁〕　〔B族维生素〕〔维生素 C&E〕〔支链氨基酸〕

富含制造线粒体不可或缺的支链氨基酸！

土豆炖牛肉

【材料·2人份】

牛肉薄片 … 150g

大葱 … 60g

魔芋丝 … 60g

土豆 … 60g

生姜丝 … 少量

香油 … 1小勺

　高汤 … 50ml

　酱油 … 3大勺

Ⓐ 味醂 … 2大勺

　烧酒 … 1大勺

【做法】

1 牛肉切成 4cm 见方的块，大葱斜切成 2mm 宽。魔芋丝焯水，切成 10cm 长。土豆切滚刀块。

2 平底锅中放入生姜丝和香油，中火加热，炒出香味后，按照牛肉、大葱、魔芋丝、土豆的顺序放入，翻炒。

3 倒入材料Ⓐ，盖上锅盖，炖 15 分钟左右。

POINT

少放土豆

土豆 GI 高，应当减少食用。用上满满的牛肉和大葱，就算土豆少一些，依然让人很满足。

推荐的配菜

☑ 生菜口蘑生火腿沙拉（P.74）

☑ 竹笋蚬汤（P.87）

肉

膳食纤维　维生素 C&E　支链氨基酸

使用鸡肉中鲜美而富含营养物质的鸡腿肉。

香煎鸡肉配杏鲍菇炖西红柿

【材料·2 人份】

鸡腿肉…1 片
　（约 250g）
盐…1/2 小勺
胡椒粉…少量
百里香…1 根
橄榄油…2 小勺
大葱…40g
西红柿…1 个
杏鲍菇…1 根
口蘑…2 个
大蒜碎…少量
白葡萄酒…1 大勺

【做法】

1　鸡肉表皮上用刀尖戳几个小孔，裹上 1/4 小勺盐、胡椒粉、撕碎的百里香。大葱、西红柿和杏鲍菇切成 1cm 见方的块，口蘑 4 等分。

2　平底锅倒入 1 小勺橄榄油，中火加热，鸡肉带皮的一面朝下，煎 8 分钟左右，煎出油脂，至表面变脆，翻过来用小火继续煎两三分钟，取出。

3　平底锅中倒入剩下的橄榄油（1 小勺）和大蒜碎，中火加热，放入大葱、杏鲍菇和口蘑，炒香。加入白葡萄酒、西红柿、剩下的盐（1/4 小勺）、胡椒粉继续翻炒，至没有水分。

4　将鸡肉盛出，浇上步骤 3 中食材。

推荐的配菜

✓ 蚝油风味西蓝花焖蚬
（P.72）

✓ 文蛤四季豆豆乳浓汤
（P.84）

碳水化合物·盐·热量（1 人份）

6.7g ｜ 1.7g ｜ 398kcal

碳水化合物·盐·热量（1人份）
25.8g | **0.7**g | **328**kcal

肉

| 膳食纤维 | 铁 | B族维生素 | 维生素 C&E | 支链氨基酸 | 锰 |

用全麦面粉做饺子皮，饺子也很好吃！

手工全麦皮饺子

【材料·2人份】

猪肉馅 … 120g

全麦饺子皮
　 … 10 片（参见 P12）

白菜 … 60g

韭菜 … 10g

大葱 … 20g

生姜末 … 少量

土豆淀粉 … 1 小勺

香油 … 2 小勺

盐、胡椒粉 … 各少量

水淀粉（土豆淀粉 1 小勺
　 用 100ml 水化开）… 全部

醋酱油 … 适量

【做法】

1 白菜、韭菜、大葱切碎，撒上盐，静置 10 分钟，挤干水分。

2 碗中放入猪肉馅、步骤 1 中的菜、生姜、淀粉、1 小勺香油和胡椒粉，搅拌均匀。

3 肉馅 10 等分，放在饺子皮上，捏出褶皱，包好饺子。

4 平底锅中放入剩下的香油（1 小勺），中火加热，平铺放入饺子，倒入水淀粉，盖上锅盖。

5 焖煎 5 分钟左右，打开锅盖，煎干水分，至表皮变香脆。盛出，搭配上醋酱油。

━━ 推荐的配菜 ━━

✓ 四季豆辣椒炒鳗鱼
（P.73）

✓ 微辣肉丝干萝卜丝汤
（P.86）

肉

[膳食纤维] [B族维生素] [维生素 C&E] [支链氨基酸]

裹面使用全麦面粉，做出低 GI 的美食！

炸猪排配圆白菜丝

【材料·2 人份】

猪里脊肉 … 2 片（250g）

盐 … 1/2 小勺

胡椒粉 … 少量

全麦面粉 … 1 大勺

鸡蛋液 … 1 个的量

油 … 适量

圆白菜丝 … 100g

圣女果 … 2 个

炸猪排酱 … 2 大勺

黄芥末酱 … 适量

※ 全麦面包糠（全麦面包冷冻后，磨碎）

【做法】

1　猪里脊肉去筋。裹上盐、胡椒粉、全麦面粉，按顺序裹上鸡蛋液、全麦面包糠。

2　锅中倒油，加热到 180℃，猪排两面煎到金黄，沥干油。

3　盘中放入圆白菜丝和圣女果，将猪排切成适口大小，摆盘，配上炸猪排酱和黄芥末酱。

【推荐的配菜】

✅ 蒜炒芦笋樱虾
（P.77）

✅ 豆腐薯蓣昆布清汤
（P.83）

碳水化合物·盐·热量（1 人份）
14.7g ｜ **3.3**g ｜ **554**kcal

肉

猪肉中富含将糖转化为能量所必需的 B 族维生素！

青椒肉丝

【材料·2 人份】

猪腿肉 … 150g

煮芦笋 … 50g

青椒 … 1 个

盐、胡椒粉 … 各少量

土豆淀粉 … 2 小勺

Ⓐ
｜ 烧酒、酱油 … 各 1 小勺
｜ 味醂 … 1 大勺
｜ 蚝油 … 2 小勺

香油 … 1 小勺

大葱末 … 1 大勺

生姜丝 … 1 小勺

【做法】

1 猪肉切细丝，裹上盐、胡椒、淀粉。竹笋、青椒切细丝。将Ⓐ混匀。

2 平底锅中放入香油、大葱末和生姜丝，中火加热，香味出来后，放入猪肉翻炒，将肉丝炒开炒香。

3 放入竹笋和青椒翻炒，倒入材料Ⓐ，将所有食材翻炒均匀。

推荐的配菜

微辣豆芽拌香菜（P.76）

黄豆苦瓜汤（P.87）

碳水化合物 · 盐 · 热量（1 人份）

| 9.1g | 1.3g | 244kcal |

碳水化合物·盐·热量（1人份）

15.1g | **1.8g** | **600kcal**

膳食纤维　　铁　　B族维生素　维生素C&E　支链氨基酸

不使用 GI 高的土豆、鸡蛋、胡萝卜，用大葱提升鲜味！

红酒炖牛肉

【材料·2人份】

牛腿肉 ··· 300g

大葱 ··· 100g

口蘑 ··· 4 个

西蓝花 ··· 40g

红辣椒 ··· 5g

盐、胡椒粉 ··· 各少量

红酒 ··· 30ml

Ⓐ 水 ··· 200ml

多蜜酱（市售）··· 200g

黄油（上清部分）··· 15g

【做法】

1 牛肉切成 4cm 的方块，撒上盐、胡椒。大葱切碎，口蘑切成 6 等份，西蓝花分成小块，用盐水（未计入材料）焯过。辣椒切成 1cm 见方的块。

2 平底锅中放入 10g 黄油，大火加热，将牛肉表面煎至金黄。放入大葱翻炒上色。

3 倒入材料Ⓐ，混匀，盖上锅盖，不时搅拌，炖 1.5 小时左右。

4 平底锅放入剩余的黄油（5g），中火加热，放入红辣椒和口蘑翻炒，加入盐和胡椒粉调味。

5 将牛肉盛出，撒上西蓝花和步骤 4 中食材。

推荐的配菜

生菜口蘑生火腿沙拉（P.74）

鳕鱼子炒蛋配吐司（P.81）

碳水化合物·盐·热量（1人份）

| 6.9g | 1.5g | 110kcal |

铁　B族维生素　维生素C&E　支链氨基酸

蔬菜

芽菜中富含维生素，推荐直接生吃

蔬菜满满金枪鱼南蛮渍

【材料·2人份】

紫甘蓝芽菜
　…1包（去包装20g）

大葱…4cm

阳荷…1根

紫苏叶…1片

金枪鱼…100g

土豆淀粉…1小勺

盐、橄榄油…各适量

A
　醋…2大勺
　味醂、酱油…各1大勺
　辣椒片…少量

【做法】

1　紫甘蓝芽菜去根，大葱、阳荷、紫苏叶切丝，泡水10分钟，泡变脆后挤干水分。

2　金枪鱼切成2cm×4cm×1cm的块，裹上淀粉和盐。平底锅中倒入橄榄油，中火加热，将两面煎至金黄。

3　锅中放入材料Ⓐ，煮开。加入金枪鱼，关火，静置放凉至室温。

4　放入步骤1中蔬菜，简单拌匀，盛出。

推荐的配菜

✅ 鲕鱼炖藕（P.69）

✅ 西蓝花香肠咖喱汤（P.84）

碳水化合物 · 盐 · 热量（1 人份）

7.1g | **0.7**g | **334**kcal

膳食纤维　维生素 C&E　支链氨基酸

因为维生素是 C 水溶性的，融入了营养物质的汤汁可一起食用

西式千层猪肉圆白菜锅

【材料 · 2 人份】

圆白菜 … 1/2 小个（200g）

猪肩颈肉薄片 … 100g

盐、胡椒粉 … 各少量

土豆淀粉 … 1 小勺

罗勒叶 … 4 片

黄油（上清部分）… 15g

A ┌ 煮西红柿罐头
　　（西红柿块罐头）… 120g
　├ 水 … 100ml
　└ 鸡精 … 2g

【做法】

1 猪肉裹上盐、胡椒粉、淀粉。

2 圆白菜从中心纵切成两半，将步骤 1 的猪肉和撕碎的罗勒叶塞入菜叶中间，从菜心再纵切成两半（即切成 4 块 1/8 个）。

3 平底锅中放入黄油，中火加热，将步骤 2 的圆白菜侧面煎至金黄。放入材料 A、盐和胡椒粉，盖上锅盖，小火煮 10 分钟后，翻面，再煮 10 分钟。

推荐的配菜

☑ 蚝油风味西蓝花焖蚬（P.72）

☑ 文蛤四季豆豆乳浓汤（P.84）

碳水化合物 · 盐 · 热量（1人份）

| 8.0g | 2.7g | 271kcal |

膳食纤维　B族维生素　维生素C&E　支链氨基酸

自制酱汁和 GI 低的食材是关键！

自制酱汁蔬菜满满烤肉

【材料·2人份】

杏鲍菇 … 2 小个
蒜苗 … 40g
青椒 … 1 个
辣椒（红、黄）… 各 1/8 个
牛小排（烤肉用）… 80g
盐、胡椒粉 … 各少量
香油 … 2 小勺
　苹果泥 … 40g
Ⓐ 酱油 … 2 大勺
　生姜泥 … 10g

【做法】

1 杏鲍菇纵切成两半。蒜苗切成 5cm 的段。青椒纵切成两半，去籽。辣椒竖着切成两半，去籽。牛肉撒上盐和胡椒粉。

2 步骤 1 的蔬菜和肉蘸上香油，放入烤盘（或烤鱼网）烤至金黄。将材料Ⓐ混匀，搭配烤肉。

POINT

市售的烤肉酱汁中糖分相当高。做出 GI 低的酱料的秘诀是用苹果和生姜自制。还可根据喜好添加香橙胡椒。

推荐的配菜

☑ 蒜炒芦笋樱虾（P.77）

☑ 黄豆苦瓜汤（P.87）

碳水化合物·盐·热量（1人份）

7.7g | **1.9**g | **152**kcal

膳食纤维　B 族维生素　维生素 C&E　支链氨基酸

蔬菜

豆苗富含具有抗氧化作用的 β - 胡萝卜素！

豆苗白菜炖鸡翅

【材料·2 人份】

豆苗 … 50g

白菜 … 100g

竹笋 … 100g

香菇 … 2 个

鸡翅 … 2 个

香油 … 1 小勺

Ⓐ
八角 … 1 个
酱油、烧酒、味醂 … 各 1 大勺
中式高汤粉 … 2g
水 … 200ml

【做法】

1　豆苗切成 4cm 长，白菜切成 3cm 见方的块。竹笋切成 5mm 厚的片，香菇切成 5mm 厚的扇形。

2　平底锅中放入香油，中火加热，放入鸡翅和竹笋翻炒。

3　放入白菜和香菇翻炒，加入材料Ⓐ，炖 15 分钟后，放入豆苗。

推荐的配菜

✓ 四季豆辣椒炒鳗鱼（P.73）

✓ 日式炸豆腐（P.78）

蔬菜

| 膳食纤维 | 铁 | 类黄酮 | B族维生素 | 维生素C&E | 支链氨基酸 |

藕和豆子中的膳食纤维可以减缓糖分吸收。

西式藕炖豆子

【材料·2人份】

藕、煮熟的混合豆子（煮好的）
　…80g

鳕鱼…80g

盐、胡椒粉…各少量

土豆淀粉…1小勺

橄榄油…2小勺

A {
水…200ml
白葡萄酒…30ml
鸡精…2g
百里香…1根
}

【做法】

1 藕切成3mm厚的片，泡水10
分钟，用笊篱舀出。鳕鱼切成4
等份，裹上盐、胡椒粉和淀粉。

2 平底锅中倒入橄榄油，中火加
热，将鳕鱼煎至金黄，再翻炒。

3 步骤2锅放入材料A、盐和胡
椒粉，盖上锅盖，炖5分钟。
打开锅盖，加入混合豆子，再
炖5分钟。

▎推荐的配菜▎

☑ 面包糠烤旗鱼（P.68）

☑ 鳀鱼炒金针菇和荷兰
豆（P.75）

碳水化合物 · 盐 · 热量（1人份）

17.7g | **1.1**g | **174**kcal

碳水化合物 · 盐 · 热量（1 人份）

14.1g | **2.9**g | **358**kcal

蔬菜

膳食纤维　铁　类黄酮　B 族维生素　维生素 C&E　支链氨基酸

GI 低的蔬菜和鳕鱼，也可以根据喜好加入白菜！

蔬菜寿喜烧

【材料 · 2 人份】

大葱 … 1/2 根

舞茸 … 90g

胡萝卜（净重）… 10g

雪菜 … 30g

煎豆腐 … 1/2 块

魔芋丝 … 80g

牛油 … 少量

牛小排 … 80g

<blockquote>
A
味醂、酱油 … 各 2 大勺

水 … 100ml

海带 … 5cm 的块

切碎的西梅干 … 2 个的量
</blockquote>

【做法】

1 大葱斜切成 1cm 宽的段，舞茸撕成大块。胡萝卜用模具压出形状切成 3mm 的薄片，用盐水（未计入材料）焯过。雪菜切成 5cm 长。煎豆腐切成长宽 3cm 厚 1cm 的方块。魔芋丝焯水后切成 10cm 长。

2 平底锅中放入牛油加热，放入 1/4 的牛肉，煎至金黄，放入材料 A。

3 沸腾后加入大葱、舞茸、煎豆腐、魔芋丝。再放入胡萝卜、剩下的牛肉和雪菜，稍煮即可。

POINT

西梅干的甜度高，富含铁元素。粗粗切碎后放入酱汁中，可代替砂糖带来甜味和层次感。

推荐的配菜

☑ 豆腐茶碗蒸（P.80）

☑ 鲅鱼小松菜红味噌汤（P.83）

如何饮酒才最好？

从酒中摄入的酒精，在胃里大约被吸收 30%，剩下的在小肠被吸收，通过血管被运向身体各处，其中 90% 在经过肝脏时被代谢（分解）。酒精的主要成分乙醇，是水溶性的小分子有机溶剂，可以容易地通过人体中的生物膜，进入体内的水中。

因为乙醇主要在肝脏中被分解，因此，大量饮酒时，肝细胞会优先分解酒精而影响肝细胞内的其他代谢。根据营养学研究，1g 的酒精中含有 7.1kcal 的能量，饮酒时人体会优先利用酒精中的能量，与此同时，食物中的碳水化合物则全部被合成中性脂肪，在人体内积攒下来。这也是脂肪肝的形成原因。

乙醇经过肝脏时，被乙醇脱氢酶分解为乙醛，然后被乙醛脱氢酶分解为毒性低的乙酸。乙醛的毒性强，不仅可以引起急性酒精中毒，还可作为神经毒素，造成大脑在大量饮酒的第二天功能衰退。人们常说"日本人酒量小"，这是因为没有乙醛脱氢酶，而使得乙醛在体内积累。据说 50% 的日本人体内的乙醛脱氢酶很少。

另外，过量饮酒而醉酒后，大脑中自我抑制功能的解除容易造成饮食过量。长此以往会引起代谢综合征，罹患糖尿病。什么酒对糖尿病患者不好呢？那就是成分中含有大量糖分的酒，即日本酒和啤酒。威士忌或烧酒等蒸馏酒，由于仅仅提取了挥发性酒精的成分，糖分的浓度则接近于 0。但是蒸馏酒的酒精度数非常高，饮用时应该兑水，降低酒精浓度。要说对身体好的酒，那一定要推荐酒精度数低的、品质好的酿造红葡萄酒。

顺便说一下，适量的酒精摄入，可以使被称为好胆固醇的 HDL（高密度脂蛋白）胆固醇升高，并使脂肪细胞分泌的脂联素的血浓度升高。因而也对改善代谢综合征的胰岛素抵抗有效，具有抗动脉硬化作用。

美味减糖的

18 道配菜
和
9 道汤

是不是经常为了做主菜太拼，却没法顾及搭配的菜。这时，推荐本章的配菜和汤。每一道菜都考虑到了 GI，味道也很棒，请试试加入自己菜单吧！

鱼

膳食纤维 | B 族维生素 | 维生素 C&E | 支链氨基酸

烤箱烤制高蛋白低脂肪、并且富含维生素的旗鱼

面包糠烤旗鱼

【材料·2 人份】

旗鱼 … 60g

盐、胡椒粉 … 各少量

圆白菜 … 40g

橄榄油 … 1/2 大勺

全麦面包糠（全麦面包冷冻后，
　磨碎）… 5g

香芹碎 … 1 小勺

柠檬（扇形块）… 1 块

【做法】

1　旗鱼切成 1cm 厚的片，再切成 1cm 宽的条，撒上盐和胡椒粉。
圆白菜切成 5mm 宽 4cm 长。

2　圆白菜和盐、胡粉椒和一半的橄榄油，拌匀，铺在边长 30cm 的
正方形铝箔上。

3　将旗鱼平铺在圆白菜上，将剩下的橄榄油、面包糠和香芹碎混
匀，浇在旗鱼上。

4　放入烤箱，烤 5 分钟左右，将鱼肉烤透。盛出，旁边摆上柠檬块。

碳水化合物·盐·热量（1 人份）

2.1g | **0.2**g | **88**kcal

鱼

膳食纤维 ｜ 铁 ｜ 类黄酮 ｜ B 族维生素 ｜ 维生素 C&E ｜ 支链氨基酸

富含铁的鲕鱼同富含膳食纤维、类黄酮的藕一起食用。

鲕鱼炖藕

【材料·2 人份】

鲕鱼 … 60g

盐 … 1/2 小勺

藕 … 40g

生姜 … 5g

高汤 … 150ml

A ｜ 酱油 … 1 大勺
｜ 味醂、烧酒 … 各 2 小勺

【做法】

1　鲕鱼切成 2cm 的方块，撒上盐，静置 10 分钟，快速焯水。藕纵切成两半，再切成 5mm 厚的片，泡水 5 分钟，去除涩味。生姜切丝。

2　锅中放入高汤、藕片和生姜，小火煮 5 分钟。

3　放入材料 A 和鲕鱼，再煮 5 分钟。

碳水化合物·盐·热量（1 人份）

| 3.2g | 1.7g | 93kcal |

碳水化合物 · 盐 · 热量（1人份）		
3.7g	0.7g	79kcal

 鱼

[铁] [B 族维生素] [维生素 C&E]

融入丰富的微量元素的汤汁也全都喝光吧。

葱油泼蛤蜊芜菁

【 材料 · 2 人份 】

蛤蜊 … 100g

芜菁 … 1 个

Ⓐ
水 … 2 大勺
烧酒 … 1 大勺
酱油 … 1/2 小勺

香油 … 2 小勺

Ⓑ
大葱碎 … 1 大勺
大蒜末 … 1 瓣的量
辣椒片 … 少量

【 做法 】

1 蛤蜊吐沙后，搓洗干净。芜菁的茎切成
3cm 长，根块去皮，8 等分，切成扇形。

2 锅中放入步骤 1 的蛤蜊和芜菁、材料Ⓐ，
盖上锅盖，中火煮 5 分钟左右，盛出。

3 另取一锅，放入材料Ⓑ，中火加热，待香
味出来后，盛出，浇在蛤蜊和芜菁上。

碳水化合物 · 盐 · 热量（1人份）

| 5.6g | 0.2g | 92kcal |

鱼

[膳食纤维] [B族维生素] [维生素 C&E] [支链氨基酸]

凝聚了多种维生素的蔬菜杂烩和鱼做成美味！

煎竹荚鱼配蔬菜杂烩

【材料·2人份】

竹荚鱼（三枚切）… 60g

盐、胡椒粉 … 各少量

土豆淀粉 … 1/2 大勺

西葫芦 … 30g

大葱 … 30g

口蘑 … 2 个

番茄酱（市售）… 40g

橄榄油 … 1/2 大勺

百里香 … 1 根

【做法】

1 竹荚鱼切成 5cm 宽的段，裹上盐、胡椒、淀粉。

2 西葫芦、大葱、口蘑切成 8mm 的方块。

3 平底锅中倒入一半的橄榄油，加热，将竹荚鱼煎至两面金黄取出。

4 平底锅中倒入剩下的橄榄油，加热，放入步骤 2 中的蔬菜、盐和胡椒粉慢慢翻炒，加入番茄酱，盖上锅盖，炖四五分钟。

5 放入煎好的竹荚鱼，所有食材搅拌均匀。盛出，装饰上百里香。

膳食纤维	铁	B族维生素	维生素 C&E

快速焖好，和汤一起享用吧！

蚝油风味菜花焖蚬

【材料·2人份】

西蓝花 … 40g	水 … 2 大勺
迷你圆白菜 … 2 个	烧酒 … 1 大勺
大蒜 … 1/2 瓣	Ⓐ 蚝油 … 1 小勺
蚬 … 40g	盐、胡椒粉 … 各少量
香油 … 1 小勺	辣椒 … 1 根

【做法】

1 西蓝花切成小块、迷你圆白菜切成两半。大蒜切薄片。蚬放入水中吐沙后，搓洗干净。

2 平底锅中放入大蒜和香油，小火加热，香味出来后，放入迷你圆白菜和西蓝花翻炒。加入材料Ⓐ。盖上锅盖，焖 5 分钟左右。

碳水化合物 · 盐 · 热量（1 人份）

1.8g	0.4g	46kcal

碳水化合物 · 盐 · 热量（1 人份）

| 1.4g | 0.3g | 61kcal |

蔬菜

膳食纤维　铁　类黄酮　B 族维生素　维生素 C&E

突出花椒辣味的黄绿色蔬菜小炒。

四季豆辣椒炒鳗鱼

【材料 · 2 人份】

四季豆 … 40g

辣椒（红）… 20g

蒲烧鳗鱼 … 20g

香油 … 1 小勺

青花椒（煮好的）… 1/2 小勺

烧酒 … 1 小勺

盐 … 少量

【做法】

1　四季豆切成 4cm 长，用盐水焯过。辣椒和鳗鱼切成 4cm 长、5mm 宽的条。

2　平底锅中倒入香油，中火加热，放入青花椒、辣椒、四季豆和鳗鱼翻炒。加入烧酒和盐翻炒均匀。

蔬菜

膳食纤维　铁　B族维生素
支链氨基酸

干萝卜丝利于保存，而且是富含维生素和微量元素的优质食材。

猪肉炖干萝卜丝

【材料·2人份】
干萝卜丝 … 10g
猪颈肩肉切薄片 … 30g
胡萝卜 … 5g
舞茸 … 15g

香油 … 1小勺
高汤 … 200ml
Ⓐ 味醂 … 1大勺
酱油 … 2小勺

【做法】

1 干萝卜丝洗净，完全泡入水中，泡发30分钟，挤干水分。

2 猪肉和胡萝卜切成3cm长的丝。舞茸用手撕开。

3 锅中倒入香油，中火加热，按照猪肉、胡萝卜、舞茸、干萝卜丝的顺序，放入翻炒。

4 放入Ⓐ，用小火煮10分钟左右，收汁至几乎没有水分。

碳水化合物·盐·热量（1人份）
7.6g | **1.0**g | **86**kcal

膳食纤维　B族维生素　维生素C&E
支链氨基酸

萝卜苗等芽菜含有丰富的维生素。

生菜口蘑生火腿沙拉

【材料·2人份】
口蘑 … 2个
生菜叶 … 2片
萝卜苗 … 5g
生火腿 … 2片
圣女果 … 2个

盐、胡椒粉 … 各少量
Ⓐ 橄榄油、柠檬汁 … 各2小勺
帕马森干酪碎 … 1小勺

【做法】

1 口蘑切薄片，生菜叶撕成适口大小。萝卜苗去根，生火腿和圣女果对半切。

2 碗中混合材料Ⓐ，加入口蘑拌匀。加入生菜和圣女果，简单拌一下。盛出，点缀上生火腿和萝卜苗。

碳水化合物·盐·热量（1人份）
1.7g | **0.2**g | **66**kcal

碳水化合物・盐・热量（1 人份）

2.2g ｜ **0.8**g ｜ **61**kcal

（膳食纤维）（B 族维生素）（维生素 C&E）

金针菇富含糖代谢不可缺少的 B 族维生素。

鳗鱼炒金针菇和荷兰豆

【材料・2 人份】

金针菇 … 50g

荷兰豆 … 40g

鳗鱼片 … 1 片

黄油（上清部分）… 10g

白葡萄酒 … 1 大勺

A｜酱油、柠檬汁 … 各 1 小勺

　｜胡椒粉 … 少量

【做法】

1　金针菇去根，对半切，撕开。荷兰豆去筋，用盐水（未计入材料）稍煮。鳗鱼片切碎。

2　平底锅中放入黄油和鳗鱼，中火加热，放入金针菇翻炒。倒入白葡萄酒，酒精挥发掉后，放入荷兰豆翻炒。放入材料A，翻拌均匀。

碳水化合物 · 盐 · 热量（1 人份）

1.1g | **0.5**g | **43**kcal

蔬菜

B 族维生素　维生素 C&E　支链氨基酸

香菜是营养丰富的黄绿色蔬菜，多多食用吧！

微辣豆芽拌香菜

【材料·2 人份】

豆芽 ··· 50g

香菜 ··· 1 棵

下酒菜用混合坚果 ··· 5g

A 　大葱末 ··· 1 大勺

　醋、花生油 ··· 各 1 小勺

　豆瓣酱 ··· 1/3 小勺

　酱油 ··· 2/3 小勺

【做法】

1 豆芽用热盐水（未计入材料）焯 1 分钟左右，在漏勺上铺开，沥干水分。香菜去根，切成 2cm 长。坚果切碎。

2 碗中将材料 A 混合，放入豆芽、大葱末、坚果和香菜，拌匀。

蔬菜

膳食纤维 类黄酮 B族维生素
维生素 C&E

芦笋的尖都富含营养，请不要丢弃！

蒜炒芦笋樱虾

【材料·2人份】

芦笋…60g

大蒜…1瓣

熟冻樱虾…20g

橄榄油…2小勺

盐、胡椒粉…各少量

【做法】

1 芦笋剥掉根部的硬皮，斜切成4cm的段，用盐水（未计入材料）稍煮。大蒜切碎。

2 平底锅中加入橄榄油和大蒜，小火加热，大蒜轻微变色后，放入芦笋和樱虾翻炒，用盐和胡椒粉调味。

碳水化合物·盐·热量（1人份）

1.3g | 0.2g | 57kcal

蔬菜

膳食纤维 铁 B族维生素
维生素 C&E

小松菜除了铁和维生素，还富含使骨头强壮的钙。

香橙胡椒小松菜
拌章鱼

【材料·2人份】

小松菜…60g

章鱼（刺身用）…30g

香橙胡椒、味醂、橄榄油…各1/2小勺

酱油…1/3小勺

【做法】

1 小松菜切成3cm长，用盐水（未计入材料）稍煮，挤干水分。章鱼切薄片，快速焯水。

2 将香橙胡椒、味醂、橄榄油、酱油混合，同章鱼和小松菜拌匀。

碳水化合物·盐·热量（1人份）

1.0g | 0.7g | 29kcal

碳水化合物 · 盐 · 热量（1人份）
8.6g | **0.9g** | **186kcal**

碳水化合物 · 盐 · 热量（1人份）
2.4g | **1.0g** | **127kcal**

鸡蛋和豆类

〔类黄酮〕〔B族维生素〕〔支链氨基酸〕
豆腐的 GI 低，有丰富的抗氧化物质。

日式炸豆腐

【材料·2 人份】

老豆腐…1 块

土豆淀粉…1 大勺

高汤…300ml

酱油、味醂…各 1/2 大勺

萝卜泥…30g

生姜泥…1 小勺

小葱花…2 小勺

油…适量

【做法】

1 豆腐切成 4 等分，厨房纸擦干水分，裹上淀粉。油加热至 180℃，下锅炸两三分钟，沥干油。

2 锅中倒入高汤、酱油和味醂，加热。

3 盛出豆腐，周围倒上步骤 2 中浇汁，摆上萝卜泥、生姜泥和小葱花。

鸡蛋和豆类

〔膳食纤维〕〔B族维生素〕〔维生素 C&E〕
〔支链氨基酸〕
充分摄取鸡蛋中能预防糖尿病的铁、维生素 E 和支链氨基酸。

鸡蛋西蓝花小炒

【材料·2 人份】

鸡蛋液…2 个的量

西蓝花…100g

大蒜碎…1/2 瓣的量

花生油…1 小勺

辣椒片…少量

小茴香…1/4 小勺

味醂、鱼露…各 1 小勺

【做法】

1 西蓝花分成小块，用盐水（未计入材料）焯一下。

2 平底锅倒入花生油，中火加热，放入大蒜、辣椒和小茴香翻炒。

3 放入西蓝花，继续翻炒，放入味醂、鱼露和鸡蛋液，搅拌。继续翻炒，鸡蛋硬度达到自己喜欢的程度。

碳水化合物・盐・热量（1 人份）

12.2g | **1.7**g | **183**kcal

膳食纤维　铁　类黄酮　B 族维生素　维生素 C&E　支链氨基酸

鸡蛋和
豆类

芜菁连叶子都可以吃。

炸豆腐丸子炖芜菁

【材料・2 人份】

炸豆腐丸子 ⋯ 4 个
芜菁 ⋯ 1 小个
舞茸 ⋯ 40g

A
| 高汤 ⋯ 100ml
| 味醂 ⋯ 2 大勺
| 酱油 ⋯ 1 大勺

【做法】

1　炸豆腐丸子焯水。芜菁的茎和叶子切成 3cm 长，块根去皮，切成 6 等份。舞茸撕成大块。

2　锅中倒入材料Ⓐ煮沸，放入炸豆腐丸子和芜菁，中火炖 10 分钟左右。放入舞茸、芜菁的茎和叶，再煮 2 分钟。

碳水化合物 · 盐 · 热量（1人份）
3.7g | **1.1**g | **79**kcal

鸡蛋和
豆类

| 铁 | 类黄酮 | B 族维生素 | 维生素 C&E | 支链氨基酸 |

清爽的低 GI 茶碗蒸

豆腐茶碗蒸

【材料 · 2 人份】

嫩豆腐 … 30g

Ⓐ
鸡蛋液 … 1 个的量
高汤 … 150ml
生抽 … 1/2 大勺

蟹味菇 … 20g

鸭儿芹 … 10g

去皮鸡胸肉 … 20g

虾仁 … 20g

盐 … 少量

土豆淀粉 … 1 小勺

【做法】

1 豆腐切成 1cm 见方的块、擦干水分。蟹味菇撕开。鸭儿芹切成 2cm 长的段。鸡肉切成 5mm 宽、虾切成 1cm 的块，一起裹上盐和淀粉。将材料Ⓐ打散。

2 虾、豆腐和鸭儿芹留出少量，作为装饰，其余平均分成两份，放入茶碗中。倒入蛋液，并排放入蒸锅中，盖上厨房用纸。

3 盖上锅盖，大火加热，有蒸汽后，转小火，蒸 15 分钟，表面凝固后放上留出的虾、豆腐和鸭儿芹，再蒸 5 分钟。

鸡蛋和豆类

【膳食纤维】【铁】【类黄酮】
【B族维生素】【维生素 C&E】【支链氨基酸】

富含铁的生蚝和炸豆腐块一起食用。

炸豆腐块生蚝味噌煮

【材料·2 人份】

炸豆腐块 … 1 块
生蚝 … 4 个
大葱 … 1/2 根
红味噌 … 1 大勺

高汤 … 100ml
Ⓐ 味醂 … 2 大勺
烧酒 … 1 小勺

【做法】

1 炸豆腐块 8 等分，快速焯水。大葱斜切成 2mm 宽。

2 锅中倒入香油加热，放入大葱翻炒，倒入材料 Ⓐ。煮沸后放入红味噌化开，放入炸豆腐块和生蚝，中火煮 2 分钟左右。

碳水化合物·盐·热量（1 人份）

| 10.7g | 0.5g | 193kcal |

鸡蛋和豆类

【铁】【B族维生素】【维生素 C&E】
【支链氨基酸】

鳕鱼富含保持肌肉不可或缺的维生素和矿物质。

鳕鱼子炒蛋配吐司

【材料·2 人份】

鸡蛋液 … 3 个的量
鳕鱼子 … 20g
芦笋 … 2 根
全麦面包（一包 8 片） … 1/2 片
胡椒粉 … 少量
黄油（上清部分） … 1/2 大勺

【做法】

1 将芦笋根部的皮薄薄削去，斜切成 4cm 长的段，用盐水（未计入材料）焯过。面包切成两半，烤至金黄。

2 鳕鱼子撕去薄膜，同胡椒粉一起加入到蛋液中。

3 平底锅中放入黄油，中火加热，倒入步骤 2 蛋液，混合均匀。炒至喜欢的硬度，盛出，旁边添上芦笋和面包。

碳水化合物·盐·热量（1 人份）

| 4.9g | 1.3g | 190kcal |

碳水化合物・盐・热量 (1人份)		
3.4g	0.9g	88kcal

【膳食纤维】　【铁】　【类黄酮】　【B族维生素】　【维生素 C&E】　【支链氨基酸】

富含膳食纤维的蘑菇、牛蒡和魔芋，配料丰富的汤。

蘑菇猪肉汤

【材料・2 人份】

猪肩颈肉切薄片 … 30g

牛蒡 … 30g

魔芋 … 30g

舞茸 … 20g

香菇 … 1 个

香油 … 1 小勺

高汤 … 300ml

味噌 … 2 小勺

葱花 … 少量

辣椒粉 … 少量

【做法】

1 猪肉切成 3cm 长的片，牛蒡用削皮器刮成细丝，在水中浸泡 5 分钟，用笊篱盛出。魔芋切片，焯水。舞茸用手撕开，香菇切成 3mm 厚的片。

2 锅中倒入香油，中火加热，按猪肉、牛蒡、蘑菇、魔芋的顺序放入，翻炒，加入高汤煮 10 分钟，将味噌化开。盛入碗中，撒上葱花和辣椒粉。

汤

膳食纤维　　铁
类黄酮　　B 族维生素
维生素 C&E　支链氨基酸

红味噌中的类黑精有抑制血糖升高的作用。

鲅鱼小松菜红味噌汤

【材料·2 人份】

鲅鱼 … 80g　　　　高汤 … 300ml

盐 … 少量　　　　红味噌 … 2 小勺

土豆淀粉 … 1 小勺　阳荷碎 … 少量

小松菜 … 30g

【做法】

1　鲅鱼切成 4 等分，撒上盐腌 10 分钟，擦干水，粘上土豆淀粉。小松菜切成 3cm 长。

2　锅中加入高汤，中火煮沸。放入鲅鱼和小松菜，煮 2 分钟左右，加入味噌化开。盛入碗中，装饰上阳荷碎。

汤

膳食纤维　　类黄酮
B 族维生素　维生素 C&E
支链氨基酸

海带中的胶质能让血糖平稳地被吸收。

豆腐薯蓣昆布清汤

【材料·2 人份】

豆腐 … 30g

豆苗 … 20g

　　高汤 … 300ml
Ⓐ　生抽 … 1/2 大勺
　　味酥 … 1/2 小勺

薯蓣昆布 … 5g

【做法】

1　豆腐切成 1cm 的块，豆苗切成 3cm 长。

2　锅中倒入材料Ⓐ，中火煮沸，放入豆腐和豆苗。盛入碗中，装饰上薯蓣昆布。

碳水化合物·盐·热量（1 人份）

2.8g | **1.1**g | **93**kcal

碳水化合物·盐·热量（1 人份）

2.3g | **1.0**g | **23**kcal

碳水化合物 · 盐 · 热量（1人份）

3.5g | **0.7**g | **76**kcal

碳水化合物 · 盐 · 热量（1人份）

5.1g | **0.8**g | **101**kcal

膳食纤维　B族维生素

维生素 C&E　支链氨基酸

富含膳食纤维和维生素的菜花应多食用。

西蓝花香肠咖喱汤

【材料·2人份】

菜花、西蓝花 … 各 40g　　咖喱粉 … 1/2 小勺

香肠 … 2 根　　　　　　　｜ 水 … 300ml

葡萄干 … 5g　　　　　　Ⓐ 鸡精 … 2g

橄榄油 … 1 小勺　　　　　｜ 盐、胡椒粉 … 各少量

大葱碎 … 1 大勺

【做法】

1　西蓝花和菜花切成 1cm 的块、香肠切成 3mm 厚的片。葡萄干切碎。

2　锅中倒入橄榄油，中火加热，按照大葱、香肠、西蓝花、菜花、咖喱粉的顺序，放入翻炒。放入材料Ⓐ、葡萄干，炖 5 分钟。

膳食纤维　　铁　　类黄酮

B族维生素　维生素 C&E　支链氨基酸

贝类中的牛磺酸有缓解疲劳的效果。

文蛤四季豆豆乳浓汤

【材料·2人份】

文蛤 … 2 个

培根 … 10g

大葱末、四季豆 … 各 20g

黄油（上清部分） … 10g

｜ 豆乳、水 … 各 150ml

Ⓐ 鸡精 … 2g

｜ 盐、胡椒粉 … 各少量

水淀粉 … 1 大勺（土豆淀粉 1 大勺用 2 小勺水化开）

【做法】

1　文蛤吐沙后，搓洗干净。培根和四季豆切成 5mm 的块。

2　锅中放入黄油，中火加热，放入培根、大葱和四季豆翻炒。放入材料Ⓐ和文蛤，盖上锅盖。

3　文蛤煮开口后，一边加入水淀粉一边搅拌，让汤变浓稠。

汤

膳食纤维 | 类黄酮 | B族维生素 | 维生素 C&E | 支链氨基酸

汤中的食材要切成大块。

大葱芹菜炖培根

【材料·2 人份】

培根（块）… 80g

大葱 … 1/2 根

芹菜 … 1/3 根

┌ 水 … 300ml

│ 鸡精 … 2g

A 香叶 … 1 片

└ 盐、胡椒粉 … 各少量

圣女果 … 4 个

煮熟的鹌鹑蛋 … 4 个

芥子 … 适量

【做法】

1 培根切成长宽 3cm 厚 2cm 的方块、大葱切成 4cm 长的段。芹菜斜切成 4cm 长。

2 锅中放入步骤 1 中食材和材料Ⓐ，小火炖 15 分钟。放入圣女果和鹌鹑蛋，再煮一两分钟。盛出，旁边放上芥子。

碳水化合物 · 盐 · 热量（1 人份）

8.3g | 1.6g | 145kcal

膳食纤维　　铁　　B族维生素　　支链氨基酸

干萝卜丝中浓缩了预防糖尿病的营养物质！

微辣肉丝干萝卜丝汤

【材料·2人份】

猪肩颈肉 … 40g

土豆淀粉 … 1 小勺

混合海藻（干） … 2g

干萝卜丝 … 10g

秋葵 … 2 根

香油 … 1 小勺

豆瓣酱 … 2/3 小勺

| 水 … 300ml

| 烧酒 … 1 小勺

Ⓐ 中式高汤粉 … 2g

| 酱油 … 1/2 小勺

盐、胡椒粉 … 各少量

【做法】

1　猪肉切细丝，沾上盐、胡椒粉和淀粉。泡发混合海藻和干萝卜丝，挤干水分。秋葵切成 2mm 厚的片。

2　锅中倒入香油，中火加热，放入豆瓣酱、猪肉和干萝卜丝，翻炒。放入材料Ⓐ和胡椒粉，小火煮 10 分钟左右。

3　放入秋葵和混合海藻，再次沸腾后，盛出。

碳水化合物·盐·热量（1人份）

3.8g | **1.1**g | **97**kcal

碳水化合物 · 盐 · 热量（1人份）
1.2g | 1.6g | 73kcal

膳食纤维	铁
类黄酮	B 族维生素
维生素 C&E	支链氨基酸

苦瓜中的苦味成分有降低血压和血糖的作用。

黄豆苦瓜汤

【材料 · 2 人份】

苦瓜 … 40g

虾仁 … 40g

香油 … 1 小勺

大蒜末 … 少量

黄豆（煮好的）… 300ml

Ⓐ 水 … 300ml
中式高汤粉 … 2g

鱼露 … 1/2 大勺

【做法】

1 苦瓜纵切成两半，用勺子去掉种子和瓜瓤、切成 2mm 厚的片。

2 锅中放入香油和大蒜末，中火加热，放入虾仁和苦瓜翻炒。加入黄豆和材料Ⓐ，煮一两分钟，加入鱼露。

膳食纤维	铁
B 族维生素	维生素 C&E

竹笋中的鲜味成分很多，最适合做汤和炖菜。

竹笋蚬汤

【材料 · 2 人份】

蚬 … 100g   大葱碎 … 1 大勺

竹笋 … 80g   中式高汤粉 … 2g

香菜 … 20g   Ⓐ 水 … 300ml

香油 … 1 小勺   胡椒粉、烧酒、酱油

大蒜末 … 少量   … 各 2 小勺

【做法】

1 蚬放入水中吐沙，水量刚好没过蚬即可。竹笋切成扇形薄片，香菜切成 3cm 的段。

2 锅中放入香油、大蒜末和大葱碎，中火加热，出香味后放入竹笋翻炒，放入蚬和材料Ⓐ，煮 3 分钟左右。盛入碗中，撒上香菜。

少喝软饮料，多喝咖啡和绿茶

软饮料中所含的糖分对于糖尿病的作用是不容忽视的。人体内流动的血液约 4L，1000ml 的血液中溶解的葡萄糖量，即血糖水平，正常应在 100mg/dl。也就是说，全身血液中的糖分应少于 5g。但喝了软饮料之后，至少有 20g 的糖分会在瞬间被人体吸收，进入血液。糖分同水一起被摄入时，能快速到达小肠，然后被吸收，容易造成血糖急剧升高。

并且，由于钠同葡萄糖在肠黏膜一起被吸收，摄入葡萄糖时也容易吸收盐分。急剧升高的血糖会促进胰岛素的分泌，因此高血糖后甚至出现急剧的高胰岛素血症。

胰岛素的作用是将摄入的营养物质转运至细胞内，因此升高的血糖、脂肪、蛋白质都向细胞内转运。如果处在发育期，细胞可以用这些营养物质来合成组织。但是，到了中年以后，基础代谢降低，导致高胰岛素血症后，摄入的营养物质会作为剩余热量合成脂肪组成，被储存起来。

长寿人群中没有肥胖者，他们的血糖水平总是稳定保持在 100mg/dl 左右。慢性的高胰岛素血症会造成人体细胞的胰岛素抵抗增高，成为 2 型糖尿病和代谢综合征的病因。

因此，饮用不加糖的优质咖啡来替代软饮料吧。咖啡因同时具有无与伦比的激活大脑功能和抗癌作用。还有抗血小板作用和类似西地那非的作用。

另外，软饮料中常常含有精氨酸——在冻豆腐中含量最高，可转化为对人体内血管扩张作用最强的一氧化氮。高血糖会使血管变硬，血管不易扩张，咖啡因和冻豆腐的组合可以防止这种损害。推荐早上喝放了冻豆腐的味噌汤，饭后再来一杯咖啡。如果不喜欢咖啡，就喝茶吧。

4

美味减糖的

10 道主食

做着搭配主菜的配菜和汤，还要准备主食……考虑食谱感到头疼的时候，不妨尝试本章的一碗面或者饭？如果提前做好面条，做意大利面超级方便，或者来份散寿司，其中的醋可以抑制糖分的吸收，每一道都是美味!

碳水化合物 · 盐 · 热量（1人份）

24.8g | **1.1**g | **249**kcal

膳食纤维　　铁　　类黄酮　B族维生素　维生素 C&E　支链氨基酸

全麦面粉中富含维生素和多种微量元素！

全麦牛肉乌冬面

【材料·2人份】

全麦乌冬面（生）… 220g

（参见 P12）

牛腿肉边角碎肉 … 80g

冻豆腐 … 20g

菠菜 … 50g

　高汤 … 800ml

　海带 … 5cm 的块

Ⓐ 柴鱼片 … 3g

　味醂 … 4 大勺

　酱油 … 3 大勺

【做法】

1　冻豆腐放入温水泡 15 分钟，然后翻面再泡 15 分钟。洗净至没有浑浊的液体流出，4 等分。菠菜用盐水（未计入材料）焯过，切成 4cm 的段。

2　锅中放入材料Ⓐ（海带和柴鱼片放入煲汤袋中），中火煮开，放入牛肉和冻豆腐，小火煮 30 分钟，取出煲汤袋。

3　锅中放入足够的水，煮开，下入乌冬面，中火煮 8 分钟左右，用笊篱舀出。

4　浇上步骤 2 的汤底。摆上菠菜。

POINT

乌冬面升糖慢的秘密

乌冬面虽然是碳水化合物，但是提前放凉后，营养的吸收速度会减慢，能够防止血糖快速升高。但是，由于乌冬面含盐量高，只能吃半份，要用丰富的配菜补足分量。

碳水化合物・盐・热量（1人份）

58.7g | **6.3**g | **377**kcal

膳食纤维　　铁　　类黄酮　　B 族维生素　　维生素 C&E　　支链氨基酸

一盘即可补充 7 种推荐的营养物质。

蛤蜊全麦意大利面

【材料・2 人份】

全麦意大利面（生）
　　…130g（参见 P12）
蛤蜊 … 200g
小松菜 … 80g
西芹 … 50g
大蒜末 … 少量
橄榄油 … 4 小勺
辣椒 … 1 根
白葡萄酒 … 50ml
盐、胡椒粉 … 各少量

【做法】

1　蛤蜊泡入盐水中吐沙后，搓洗干净。小松菜切成 4cm
　 长，西芹的叶子粗粗切碎，留下茎备用。

2　平底锅中放入大蒜、橄榄油 2 小勺，小火加热，香味出
　 来后放入辣椒、蛤蜊、西芹的茎翻炒。倒入白葡萄酒。

3　锅中放入足够的水，加盐（未计入材料），煮开，下入
　 意大利面，中火煮至没有硬芯，放入小松菜，一起煮两
　 三分钟。

4　在步骤 2 的烧汁中放入煮好的意大利面、小松菜、盐、
　 胡椒粉和余下的橄榄油（2 小勺），搅拌均匀，至汤汁
　 黏稠。

面

铁 ｜ B族维生素 ｜ 支链氨基酸

荞麦面是富含维生素和矿物质的低 GI 食品。

鲱鱼荞麦面

【材料·2人份】

煮好的荞麦面…2 份

冷冻鲱鱼干…1 片

番茶…500ml

A

烧酒、味醂…各 2 大勺

酱油…1 大勺

高汤…800ml

B

味醂、酱油…各 3 大勺

海带…5cm 的块

柴鱼片…3g

温泉蛋…2 个

小葱末…2 大勺

香橙皮…少量

【做法】

1 平底锅中放入从中间切开的鲱鱼和番茶，中火煮开后，转小火煮四五分钟。捞出水中的鱼骨和鳞片。

2 平底锅中放入材料 A 和鲱鱼，中火煮至水分收干，汤汁粘在食材上。

3 锅中放入材料 B（海带和柴鱼片放入煲汤袋中），中火煮开，煮10分钟后，取出煲汤袋。

4 碗中放入烫过的荞麦面，倒入步骤 3 的汤底。放上切成两半的鲱鱼、温泉蛋、小葱末和切丝的香橙皮。

碳水化合物·盐·热量（1人份）

92.5g ｜ 6.4g ｜ 824kcal

碳水化合物 · 盐 · 热量（1 人份）		
24.9g	2.3g	402kcal

膳食纤维　　铁　　类黄酮　B 族维生素　维生素 C&E　支链氨基酸

浓香的培根鸡蛋意大利面中添加了富含 B 族维生素的芦笋!

培根鸡蛋全麦意大利面

【材料 · 2 人份】

全麦意大利面（生）
　　… 130g（参见 P12）
培根块 … 60g
芦笋 … 4 根
黄油（上清部分）… 15g

Ⓐ
帕马森干酪碎 … 30g
鸡蛋黄 … 3 个
盐 … 1/3 小勺
黑胡椒粉 … 少量

粗黑胡椒碎 … 少量

【做法】

1. 培根先切 5mm 方条，再切成 3cm 长的段。芦笋斜切成 4cm 长的段。

2. 锅中放入足够的水加盐（未计入材料），煮开，下入意大利面，中火煮至没有硬心，放入芦笋一起煮两三分钟。将材料Ⓐ混匀。

3. 平底锅中放入黄油和培根，中火加热，培根煎脆后关火。

4. 放入步骤 2 中煮过面的汤 4 大勺、煮好的意大利面和芦笋、材料Ⓐ，搅拌均匀，至汤汁黏稠。盛出，撒上粗黑胡椒碎。

碳水化合物 · 盐 · 热量（1人份）		
54.8g	3.8g	354kcal

膳食纤维　维生素 C&E　支链氨基酸

加了醋，成为一道低盐 & 低 GI 的美味。

鸡丝凉面

【材料·2 人份】

生面条 … 2 份

黄瓜 … 2/3 根

西红柿 … 1 个

豆芽菜 … 80g

去皮鸡胸肉 … 80g

Ⓐ

炒白芝麻 … 1 小勺

醋 … 3 大勺

酱油 … 2 小勺

豆瓣酱 … 1/3 小勺

【做法】

1　面条煮一两分钟，过冰水，沥干。黄瓜切丝，西红柿先竖着切成两半，再切片。豆芽菜用盐水（未计入材料）煮 1 分钟，用笊篱盛出，扇风放凉。

2　锅中倒入 5cm 深的水，煮沸腾后放入鸡肉，盖上锅盖，关火静置 10 分钟。捞出，挤干水分，切丝。

3　将材料Ⓐ混合均匀。

4　面条盛入碗中，摆好蔬菜和鸡丝，浇上材料Ⓐ。

POINT

"放凉"特别重要

用精面粉做的面条，本来属于高 GI 食物，但是如果放凉后再吃，营养物质的吸收会变慢，可以防止血糖的快速升高。

碳水化合物·盐·热量（1人份）

62.1g | **2.6g** | **532kcal**

饭 膳食纤维 铁 B 族维生素 维生素 C&E 支链氨基酸 锰

有嚼劲的糙米搭配软软的半熟鸡蛋。

发芽糙米鸡肉鸡蛋饭

【材料·2人份】

热发芽糙米饭 … 300g

去皮鸡胸肉 … 150g

盐 … 少量

土豆淀粉 … 1 小勺

大葱 … 60g

鸭儿芹 … 10g

香油 … 2 小勺

高汤 … 100ml

Ⓐ 味醂 … 2 大勺

生抽 … 1.5 大勺

鸡蛋液 … 3 个的量

【做法】

1 鸡肉切成 1cm 的方块，裹上盐和土豆淀粉。大葱斜切成薄片。鸭儿芹切成 2cm 长。

2 平底锅中倒入香油，中火加热，稍微炒一下鸡肉和葱，放入Ⓐ，煮两三分钟。

3 转圈倒入 2/3 的蛋液，盖上锅盖，焖 15 分钟左右。撒上鸭儿芹后，倒入剩下的蛋液，再盖上锅盖焖 15 秒左右，煮至鸡蛋半熟。

4 米饭盛入碗中，连同汤汁浇上步骤 3 中食材。

| 膳食纤维 | 铁 | B族维生素 | 维生素 C&E | 支链氨基酸 | 锰 |

韭菜是富含铁、维生素的优质蔬菜，最后放入，短时间翻炒。

发芽糙米炒饭

【材料·2 人份】

热发芽糙米饭 … 300g

火腿 … 30g

韭菜 … 20g

香油 … 2 小勺

鸡蛋液 … 1 个的量

盐 … 1/3 小勺

胡椒粉 … 少量

大葱碎 … 1 大勺

烧酒、酱油 … 各 1 小勺

【做法】

1 火腿切成 5mm 的方块，韭菜切碎。

2 平底锅中倒入香油，中火加热，放入蛋液后立即加入发芽糙米饭，切拌均匀，炒散。

3 撒入盐、胡椒粉、火腿和大葱碎，同时搅拌，炒散，使水分蒸发。

4 米饭炒至颗粒分明后，放入韭菜、烧酒和酱油，搅拌均匀。

碳水化合物·盐·热量（1 人份）

50.9g | 2.0g | 354kcal

饭

| 膳食纤维 | 铁 | B族维生素 | 维生素 C&E | 支链氨基酸 | 锰 |

秋刀鱼富含将糖转化为能量不可缺少的铁。

发芽糙米蒲烧秋刀鱼盖饭

【材料·2 人份】

热发芽糙米饭 … 300g

秋刀鱼 … 2 条

土豆淀粉 … 2 小勺

鸡蛋液 … 1 个的量

盐 … 少量

香油 … 1/2 大勺

紫苏叶 … 2 片

炒白芝麻 … 2 小勺

A
味醂 … 2 大勺
酱油 … 1.5 大勺
烧酒 … 1 大勺
姜汁 … 少量

【做法】

1 秋刀鱼三枚切（处理成 1 片带肉的鱼骨和 2 片鱼肉），切成两半，撒上盐腌 10 分钟，洗净，擦干水，裹上淀粉。蛋液中放入盐，搅拌均匀。

2 平底锅用中火加热，用厨房纸涂上 1/4 大勺的香油，倒入薄薄一层蛋液，两面煎熟，切成 4cm 长的鸡蛋丝。紫苏叶切丝，泡水，去除涩味，沥干水分。白芝麻在厨房纸上碾碎。

3 平底锅中倒入剩下的香油，大火烧热，放入秋刀鱼，先煎带皮的一面，再煎另一面。加入材料 A，使秋刀鱼裹上酱汁。

4 米饭盛入碗中，撒上鸡蛋丝。放上秋刀鱼、紫苏叶，再撒上碾碎的白芝麻。

碳水化合物·盐·热量（1 人份）

| 62.0g | 2.4g | 707kcal |

碳水化合物 · 盐 · 热量（1人份）

62.6g | **2.5g** | **469kcal**

饭

膳食纤维 | B 族维生素 | 维生素 C&E | 支链氨基酸 | 锰

口蘑不但鲜美，还富含膳食纤维和 B 族维生素。

发芽糙米蘑菇西式焖饭

【材料·2 人份】

发芽糙米饭 … 1 杯

香肠 … 60g

口蘑 … 60g

西红柿 … 1 个

芦笋 … 2 根

黄油（上清部分）… 15g

大葱碎 … 1 大勺

A
├ 热水 … 450ml
├ 盐 … 1/2 小勺
├ 鸡精 … 2g
└ 胡椒粉 … 少量

【做法】

1 香肠竖着切两半，再切成 2mm 宽。口蘑切成 2mm 宽的片。西红柿切成 1cm 见方的块。芦笋剥掉根部的皮，斜切成 3mm 宽，用盐水（未计入材料）焯过。

2 锅中放入黄油，中火加热，放入大葱爆香，放入香肠和口蘑翻炒。

3 放入米饭翻炒，加入西红柿和材料Ⓐ。汤汁沸腾后，转小火，盖上锅盖，煮 20 分钟，关火静置 10 分钟。加入芦笋，搅拌均匀。

碳水化合物 · 盐 · 热量（1人份）

66.3g | **2.0**g | **334**kcal

| 膳食纤维 | B 族维生素 | 维生素 C&E | 支链氨基酸 | 锰 |

饭

也推荐用醋腌青花鱼或金枪鱼刺身代替虾

散寿司

【材料·2 人份】

热米饭 … 300g

熟冻虾仁 … 40g

香菇 … 2 个

藕 … 40g

四季豆 … 20g

寿司醋 … 适量

　味醂（煮开使酒精挥发）
　　… 1.5 大勺

　醋 … 2 大勺

　盐 … 1/2 小勺

鸡蛋丝 … 50g

Ⓐ 酱油、味醂 … 各 1 小勺

　水 … 2 大勺

【做法】

1 虾切成 2cm 长。香菇切薄片，藕先纵切 4 等分后，切 2mm 宽片。四季豆用盐水（未计入材料）煮一下，斜切成薄片。寿司醋的材料混匀。

2 锅中放入Ⓐ、香菇，开中火，煮至基本没有水分。

3 藕片煮两三分钟，沥干水分，趁热用 2 小勺寿司醋腌一下。

4 米饭盛入桶中，浇上剩下的寿司醋，切拌均匀。水分快干时，用扇子等扇凉至室温。

5 将寿司饭盛出，撒上鸡蛋丝。摆上虾、香菇、藕片和四季豆，注意色彩搭配。

POINT

醋饭是低 GI 食物

醋有抑制糖吸收的作用，因此用白米饭做成醋饭也可以吃！放凉后，糖的吸收会更平稳。

99

常见的糖尿病药物种类和效果

糖尿病药物为了降低血糖，有刺激胰腺分泌胰岛素的药（磺脲类、格列奈类）和阻止糖分被人体吸收的药（α 葡萄糖苷酶抑制剂），还有促进将吸收的糖从尿排出体外的药（钠葡萄糖共转运体 2 抑制剂）。

勉强促进胰岛素释放而使血糖降低的药，如果弄错剂量，会引发低血糖等合并症。虽然阻止糖吸收的药和促进排出糖的药，对降低血糖的作用是轻微的，但可抑制饭后短时间内因血糖急速升高而产生的血糖峰值，可以有效抑制糖尿病的发展。这些都可以称为降糖药，却具有各种各样的作用。

比如说，能使血糖升高的食物只有碳水化合物。也就是说，如果不吃碳水化合物，可以不吃或减少服用降糖药。不管吃多少脂肪，多少蛋白质，血糖都不会升高。总而言之，治疗糖尿病的根本并不是限制热量，而重在对糖分的限制。如果你的主治医生告诉你，为了控制血糖，比起限制糖分吸收，更要限制热量吸收的话，你可能就要担心了。

碳水化合物除糖以外的物质中没有被小肠分解吸收，到达大肠，其中含有难消化性膳食纤维（难消化糊精）。大肠中存在着叫作肠道菌群的大量肠内细菌。难消化性膳食纤维成为肠道菌群的饵料。

没被消化而到达大肠的非消化性食物成分被称为益生元，被人熟知的有：含有低聚糖或多糖的膳食纤维、难消化性淀粉等，起到增加有益菌菌群的作用。

益生元有改善肠内环境、降低癌症风险、调节免疫功能等作用。益生元不足，有害菌菌群会增加，引发抑郁症、广泛性焦虑障碍、肥胖、糖耐量降低等疾病。添加糖的各种酸奶等，很可能在到达大肠以前就被消化掉了，低聚糖作为饵料，可以增加存在于大肠的有益菌群，比酸奶更有效。

PART

5

美味减糖的
8 道点心

"必须控制甜食！"虽然在心里这样发誓，但还是会很想吃。在这里我们推荐一些 GI 低的点心，有曲奇、巧克力、蛋糕、布丁等各色品种。

碳水化合物·盐·热量(1人份)		
28.5g	**0**g	**156**kcal

碳水化合物·盐·热量(1人份)		
18.2g	**0**g	**156**kcal

膳食纤维　　铁　　类黄酮　　B族维生素
维生素C&E　　支链氨基酸　　锰

可以尽情享受干果甜味的和式点心。

杏干酱黑糖蜜豆凉粉

【材料·4人份】

干红豆 … 30g

杏干 … 50g

Ⓐ 寒天粉 … 8g
　 水 … 500ml

黑糖 … 4小勺

【做法】

1 锅中放入红豆和差不多能没过红豆的水，煮开，倒掉水。再次倒入差不多能没过红豆的水，煮40分钟，静置放凉。

2 杏干粗粗切碎，同50ml水（未计入材料）放入搅拌机中，打细打滑。

3 锅中放入材料Ⓐ，一边用打蛋器搅拌，一边中火加热。沸腾后撇去浮沫，完全化开后，用滤网过滤，倒入四方的保鲜盒或方盘中，放凉，盖上盖子（或保鲜膜），放入冰箱冷藏30分钟以上，切成1cm见方的块。

4 碗中放入步骤3的凉粉块，浇上做好的红豆、杏干酱和黑糖。

膳食纤维　　铁　　类黄酮　　B族维生素
维生素C&E　　支链氨基酸　　锰

用预防糖尿病效果良好的豆乳，代替GI高的牛奶。

豆乳杏仁豆腐

【材料·4人份】

吉利丁粉 … 6g

豆乳 … 350ml

杏仁粉 … 25g

枸杞 … 8粒

蜂蜜 … 4小勺

【做法】

1 2大勺水（未计入材料）中放入吉利丁粉，搅拌均匀，静置10分钟。

2 锅中放入豆乳和杏仁粉，中火加热，同时用打蛋器搅拌均匀。杏仁粉融化后关火。加入步骤1的溶液，使吉利丁溶解。

3 将步骤2的锅放入冰水冷却，液体倒入容器中，放入冰箱冷藏30分钟以上，凝固。

4 取出杏仁豆腐，撒上泡发好的枸杞，浇上蜂蜜。

碳水化合物·盐·热量（1 人份）

41.2g | **1.5**g | **416**kcal

膳食纤维　铁　类黄酮　B 族维生素　维生素 C&E　支链氨基酸　锰

越嚼越有全麦面粉的香味，柔和的美味。

全麦香料曲奇

【材料·4 人份】

全麦面粉…120g

A

黄油（上清部分）…50g

喜欢的香料（胡椒、豆蔻、
　肉桂、肉豆蔻、丁香等）
　磨的粉…适量

枫糖浆…20g

盐…少量

【做法】

1 材料 A 中黄油在常温下放软。碗中放入材料 A，用打蛋器搅拌。加入全麦面粉，不用揉，用刮刀搅拌。

2 步骤 1 的面糊搅拌成团，包进 30cm 见方的正方形保鲜膜里，用擀面杖擀成 5mm 厚。放冰箱冷藏 10 分钟。

3 压出喜欢的形状，用竹签扎几个洞。放进 170℃预热的烤箱中，烤 18 分钟左右，烤至金黄。放凉至室温，罐中放入干燥剂，密封。

碳水化合物 · 盐 · 热量（1人份）
43.3g | **0.2**g | **435**kcal

膳食纤维　　铁　　类黄酮　　B族维生素　　维生素C&E　　支链氨基酸　　锰

关键是选用甜度低的黑巧克力。

干果坚果巧克力肠

【材料·2人份】

黑巧克力 … 75g

洋酒渍干果、混合干果（炭烧）… 各25g

全麦香料曲奇（参见P103页）… 25g

（或市售全麦饼干）

黄油（上清部分）… 50g

【做法】

1　将黑巧克力、坚果和曲奇粗粗碾碎。

2　碗中放入巧克力和黄油，用50℃的热水水浴融化。

3　取出巧克力黄油，同干果与步骤1的坚果和曲奇混合。

4　面板上铺开30cm的正方形保鲜膜，将步骤3的混合物放在靠近自己处，整理成直径3cm、长20cm的腊肠形状，紧紧包住。泡入冰水中放凉凝固。

5　擦干水，同保鲜膜一起斜切成8mm厚的片，取下保鲜膜。

[膳食纤维]　[铁]　[类黄酮]　[B 族维生素]　[维生素 C&E]　[支链氨基酸]　[锰]

抹上枫糖黄油后静置一会儿，增加湿润感。

枫糖黄油风味全麦蛋糕卷

【材料·2 人份】

全麦面粉 … 60g

泡打粉 … 1/2 小勺

鸡蛋 … 2 个

蜂蜜 … 40g

枫糖浆 … 10g

黄油（上清部分）… 30g

【做法】

1 烤盘上铺上烘焙纸，让四边都高出烤盘边 1-2cm。

2 将全麦面粉和泡打粉混合。

3 碗中打入鸡蛋，打散，加入蜂蜜，一边用 60℃的热水水浴加热，一边用打蛋器打发至有阻力。

4 步骤 3 的蛋液中放入步骤 2 的混合物，搅拌至顺滑，倒在烘焙纸上，使表面平整。

5 用 180℃预热的烤箱中，烤 9 分钟，放凉，盖上毛巾防止变干。

6 黄油在常温下放软，加入枫糖浆混匀。涂在烤好蛋糕的表面，从一边卷起来。用烘焙纸包成糖果状，放入冰箱冷藏 30 分钟。取出，切成喜欢的厚度。

碳水化合物·盐·热量（1 人份）		
36.9g	0.4g	365kcal

低 GI 的奶酪可以当作点心，但是不要搭配砂糖。

乳酪蛋糕

【材料·直径 15cm 的圆形模具 1 个的量】

全麦海绵蛋糕

| 鸡蛋 … 1 个
| 枫糖浆 … 30g
| 全麦面粉 … 60g
| 黄油（上清部分）… 5g

奶酪奶油

| 奶油奶酪（放至室温）… 300g
| 枫糖浆 … 50g
| 鸡蛋液 … 2 个的量
| 柠檬汁 … 5ml

【做法】

1 制作海绵蛋糕坯。模具的底和侧面铺上烘焙纸。黄油（上清部分）水浴融化。分开蛋清和蛋黄分开。

2 碗中放入蛋黄和枫糖浆，用打蛋器打发至变白且感觉到阻力。

3 另一个碗中放入蛋清，用打蛋器打发至能提起小尖角，加入步骤 2 打发的蛋黄和枫糖浆，搅拌至顺滑，加入全麦面粉，快速搅拌。再加入黄油，切拌至顺滑。倒入模具中，放进 170℃预热的烤箱中，烤 15 分钟。

4 碗中放入奶油奶酪，用打蛋器搅拌，按照枫糖浆、蛋液、柠檬汁的顺序加入，搅拌至丝滑。

5 将步骤 4 的奶酪液倒在海绵蛋糕坯上，烤箱 160℃烤 25 分钟。插入竹签，如果什么都没沾上，则将蛋糕取出，在模具中放凉。放至室温后，放入冰箱冷藏 1 小时以上。

碳水化合物·盐·热量（1人份）

47.6g | **1.4**g | **858**kcal

碳水化合物・盐・热量（1人份）

17.6g | **0.1**g | **158**kcal

碳水化合物・盐・热量（1人份）

20.9g | **0.3**g | **250**kcal

膳食纤维	铁	类黄酮	B族维生素
维生素 C&E	支链氨基酸	锰	

枫糖浆的 GI 很低。

豆乳布丁

【材料・4 人份】

豆乳 ⋯ 300ml

Ⓐ 鸡蛋液 ⋯ 3 个的量
Ⓐ 枫糖浆 ⋯ 30g

枫糖浆 ⋯ 4 小勺

【做法】

1 豆乳放入锅中加热。

2 碗中放入材料Ⓐ搅拌，再倒入加热的豆乳搅拌。
用滤网过筛，倒入耐热容器中，烤箱 160℃隔水烤
25 分钟。

3 取出，放入冷水中放凉，浇上枫糖浆。

膳食纤维	铁	类黄酮	B族维生素
维生素 C&E	支链氨基酸	锰	

草莓富含维生素 C 且 GI 低，是特别推荐的水果。

草莓豆乳果冻

【材料・4 人份】

吉利丁粉 ⋯ 10g

Ⓐ 草莓 ⋯ 100g
Ⓐ 豆乳 ⋯ 400ml
Ⓐ 蜂蜜 ⋯ 20g

草莓（装饰用）⋯ 4 个

薄荷 ⋯ 少量

【做法】

1 50ml 水（未计入材料）中放入吉利丁粉，搅拌均
匀，静置 10 分钟。

2 材料Ⓐ的草莓去蒂，切碎，同豆乳和蜂蜜一起放
入搅拌机中打细打滑。倒入碗中。

3 吉利丁加水，隔水加热融化，加入步骤 2 的混合
物，搅拌均匀。碗底放入冷水中放凉，变黏稠后，
倒入容器中。

4 放入冰箱冷藏 30 分钟以上，凝固。装饰用的草莓
去蒂，切成 3mm 厚，与薄荷一起装饰在果冻上。

只走路也可以预防糖尿病吗？

食草动物牛和马的消化道有什么不同呢？牛和马都只吃草，但都没有能分解草主要成分纤维素的酶。那么，它们是怎样将草的主要成分纤维素分解的呢？

牛有4个胃，微生物生活在其中，将纤维素分解成胃可以吸收的成分。繁殖的微生物死亡后，细菌体被最后的胃分解、吸收，因而可以获取足够的蛋白质。这就是牛有4个胃的原因。

而马则只有1个胃，微生物同人体一样只分布在小肠以下叫作盲肠、大肠的消化器官中。因此，马不能将死亡细菌的菌体作为营养物质吸收，容易造成细菌体成分之一的蛋白质不足。为获取必需的蛋白质，只能增加草中碳水化合物的摄取量，所以总是会吃得过多。为了将过量摄取的碳水化合物变成能量消耗，马需要在草原走来走去。

我们人类和马一样是单胃动物。与马不同的是，我们即使不大量摄入碳水化合物，也可以通过吃肉或蛋等来获取蛋白质。但是，尽管我们不像马一样到处走，但仍有人摄入过量的碳水化合物，就像住在狭窄的牛棚中吃了大量饲料、肌肉中都是脂肪的高级和牛一样。

碳水化合物如果不转化为能量，的确会让人罹患代谢综合征，但就算让每天忙于工作的人去健身房运动，他们也很难坚持下去。因此，可以利用每天外出时的"步行"。

虽然现代人走路的机会变少了，但每天步行时，迈大步伐会增加骨关节负荷，拉伸背肌能促进改善肩胛骨和腰部肌肉的血液运行。人体最大的肌肉是体干肌肉和大腿的肌肉。通过锻炼肌肉，可以增加线粒体数量，提高能量利用效率，增加基础代谢，对糖尿病和肥胖有显著的预防作用。

好好运动，可使全身的血流增加，血管扩张，和某些药物发挥同样的作用。

主要食材索引

图书在版编目（CIP）数据

美味减糖 108 餐 /（日）氏家 弘监修；（日）川上
文代著；常豫译. — 北京：中国轻工业出版社，
2021.8

ISBN 978-7-5184-3524-1

Ⅰ.①美… Ⅱ.①氏…②川…③常… Ⅲ.①减肥 –
食谱 Ⅳ.① TS972.161

中国版本图书馆 CIP 数据核字（2021）第 101192 号

版权声明：

TONYOBYO WO YOBOSURU KETTOCHI GA AGARINIKUI OISHII RECIPE

by Fumiyo Kawakami, supervised by Hiroshi Ujiie

Copyright © 2019 Fumiyo Kawakami, Mynavi Publishing Corporation

All rights reserved.

Original Japanese edition published by Mynavi Publishing Corporation.

This Simplified Chinese edition is published by arrangement with

Mynavi Publishing Corporation, Tokyo in care of Tuttle-Mori Agency, Inc., Tokyo

through AMANN Co., Ltd., Taipei

责任编辑：杨　迪　　　责任终审：劳国强

整体设计：锋尚设计　　责任校对：晋　洁　　责任监印：张京华

出版发行：中国轻工业出版社（北京东长安街6号，邮编：100740）

印　　刷：北京博海升彩色印刷有限公司

经　　销：各地新华书店

版　　次：2021年8月第1版第1次印刷

开　　本：710×1000　1/16　印张：7

字　　数：200 千字

书　　号：ISBN 978-7-5184-3524-1　定价：49.80元

邮购电话：010-65241695

发行电话：010-85119835　传真：85113293

网　　址：http://www.chlip.com.cn

Email：club@chlip.com.cn

如发现图书残缺请与我社邮购联系调换

200221S1X101ZYW